工业机器人
应用系统三维建模

主　编　盖克荣　柴　华

副主编　李　婧　吴耀华　李兆坤

参　编　高娜娜　黄　宇　周凤颖

　　　　张　昕　李登高

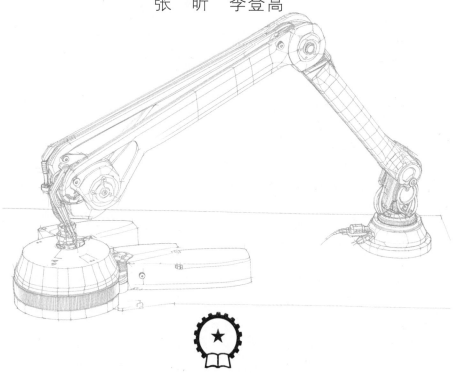

机械工业出版社

本书有别于传统的机械三维软件教材，选取工业机器人"轮毂搬运打磨工作站"的机械建模任务为案例，重点讲解 SOLIDWORKS 软件在应用系统的机械设计、零件建模、装配体装配及工程图生成等方面的知识。本书主要内容包括：工业机器人应用系统及建模认知、工业机器人夹具单元零件建模、轮毂与立体仓库的建模、工业机器人打磨单元零件建模、工业机器人执行单元零件建模、工业机器人夹爪工程图、工业机器人打磨单元装配体建模和工业机器人工作站动画设计。

　　本书在内容编排上以任务为驱动，由浅入深、循序渐进，系统科学地安排了 SOLIDWORKS 的草图绘制、零件建模、工程图、参数化建模、装配体设计、局部动画设计及仿真等内容。通过本书的学习，可以使学生更好地掌握设计思想和利用 SOLIDWORKS 软件进行工业机器人应用系统机械零件设计、三维建模的过程和技巧，充分体现了工程实例项目化、学练一体化的特色，将极大提升学生在实际工作中的 SOLIDWORKS 三维建模能力。本书配套多媒体课件、习题参考、微课视频等数字化资源。

　　本书可作为工科院校智能制造、自动化类相关专业的教材，也可作为相关工程技术人员的培训用书和参考资料。

图书在版编目（CIP）数据

工业机器人应用系统三维建模/盖克荣，柴华主编. —北京：机械工业出版社，2023.10

ISBN 978-7-111-74061-2

Ⅰ.①工…　Ⅱ.①盖…②柴…　Ⅲ.①工业机器人-系统建模-高等职业教育-教材　Ⅳ.①TP242.2

中国国家版本馆 CIP 数据核字（2023）第 198605 号

机械工业出版社（北京市百万庄大街 22 号　邮政编码 100037）
策划编辑：王振国　　　　　　责任编辑：王振国
责任校对：甘慧彤　梁　静　　封面设计：严娅萍
责任印制：张　博
北京联兴盛业印刷股份有限公司印刷
2024 年 1 月第 1 版第 1 次印刷
184mm×260mm·16.75 印张·409 千字
标准书号：ISBN 978-7-111-74061-2
定价：69.80 元

电话服务　　　　　　　　　　网络服务
客服电话：010-88361066　　　机　工　官　网：www.cmpbook.com
　　　　　010-88379833　　　机　工　官　博：weibo.com/cmp1952
　　　　　010-68326294　　　金　书　网：www.golden-book.com
封底无防伪标均为盗版　　机工教育服务网：www.cmpedu.com

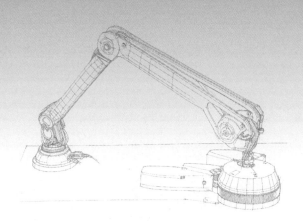

前 言

在数字化高速发展的时代，工业机器人已经成为智能制造的核心装备。作为全球最大的机器人应用市场，我国的工业机器人不仅在航空航天、汽车、船舶、半导体等高端制造业得到应用，在其他 60 个行业大类的 168 个行业中类场景中也得到了广泛应用。机器人集成应用的众多场景需要设计人员对动态多变的市场具备快速的响应能力。

SOLIDWORKS 作为集聚多方位效用的机械绘图仿真软件，具备强大的 3D 绘图设计功能、优秀的数据分析与管理功能和对机械模型可靠性与实用性评估的仿真分析功能，极大满足了机械行业从业者的日常设计与测试需求。其操作顺畅、界面友好，能快速将设计思想生成模型及工程图，帮助设计师更智能、更快速地协同工作，提高产品的设计效率。

正是基于这样的市场空间和人才需求，本书选取了工业机器人的"轮毂搬运打磨工作站"机械建模任务为案例，将工程实践中的机械零件及装配体的设计流程、要素以及建模软件的基本应用都融汇其中。本书在章节编排上尊重认知规律，通过案例引导循序渐进地讲解 SOLIDWORKS 的建模思想、操作方法和基本流程，使学习者可以快速掌握 SOLIDWORKS 的软件应用技巧，提升设计思维和工程实践思维。

本书共分 8 个项目，包括工业机器人应用系统及建模认知、工业机器人夹具单元零件建模、轮毂与立体仓库的建模、工业机器人打磨单元零件建模、工业机器人执行单元零件建模、工业机器人夹爪工程图、工业机器人打磨单元装配体建模和工业机器人工作站动画设计。学生在任务驱动、学练一体的进程中，可极大提高 SOLIDWORKS 三维建模能力，为今后的工程实践做好技术储备。

本书提供了丰富翔实的数字化教学和学习资源，包括配套 PPT、微课、练习题、数字学习网站等。本书可作为高等职业院校工业机器人技术、机电一体化技术、机械制造及其自动化等智能制造相关专业的教材，也可作为智能制造岗前培训及有关工程技术人员自学参考用书。

本书由盖克荣和柴华任主编，并编写了项目 1、项目 2、项目 3、项目 4；李婧、吴耀华和李兆坤任副主编，其中李婧编写了项目 5 和项目 8，吴耀华编写了项目 6，李兆坤编写了项目 7；参与编写的还有高娜娜、黄宇、周凤颖、张昕和李登高，他们参与各项目的图片制作与视频拍摄工作。

由于编写时间仓促，书中难免存在不足之处，恳请专家及广大读者批评指正并提出宝贵意见和建议，以便本书后续修订时加以完善。

编　者

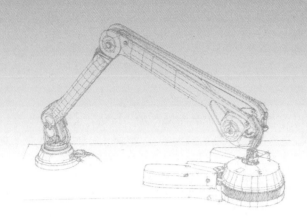

目录

项目 1

工业机器人应用系统及建模认知

📋 项目情境

制造业全球化、信息化及需求个性化的时代，要求企业对动态多变的市场具有较强的响应能力。设计者使用机械设计自动化应用程序，利用以计算机为主的一整套系统进行产品的概念设计、方案设计、结构设计、工程分析、模拟仿真、工程图、工艺分析和加工仿真等，可以快速将设计思想生成模型及工程图，提高产品的设计效率，缩短产品设计制造周期，提高产品质量及企业竞争力。随着计算机技术、智能技术的进步和发展，机器人技术深刻改变着人类的生产和生活方式，工业机器人技术正向着高速度、高精度、轻量化、系列化和智能化方向快速发展，越来越成为时代科技创新的显著标识。

本项目将以利用工业机器人进行汽车轮毂搬运打磨工作站的零件及装配体设计建模为例，从认知工业机器人应用项目开始，介绍工程应用系统常用的三维建模软件，并对SOLIDWORKS 软件作一个概述，结合软件对建模的一般过程进行阐述。

🗺 学习导图

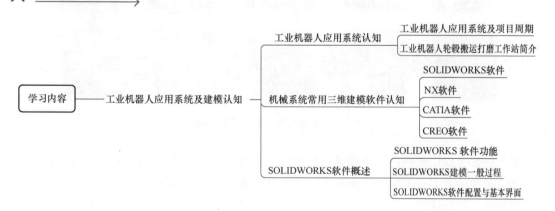

任务 1 工业机器人应用系统认知

学习目标

知识目标：认识工业机器人应用系统及项目周期；理解工业机器人应用系统在工业自动化工程中的作用；掌握工业机器人轮毂搬运打磨工作站系统的组成及各部分的作用。

技能目标：能够识别工业机器人应用系统常见机械设备及其零部件。

素质目标：坚定"四个自信"；树立为祖国为人民永久奋斗、赤诚奉献的坚定理想；树立工程思想。

一、工业机器人应用系统及项目周期

随着工业机器人技术的快速发展，越来越多的企业开始使用工业机器人，不断把工业机器人集成到更大系统中。每个工业机器人应用系统都是为满足特定应用需求而配置的，例如工业机器人在搬运、焊接、打磨、装配、加工等众多领域逐步替代人工作业。在工业机器人应用系统中，除了工业机器人，还包括其他自动化组件。不同应用场合，自动化组件也相差很多，包括不同的工业机器人工夹具、搬运设备、打磨设备、视觉系统、装配自动化组件、安全防护装置等。每一种工业机器人应用系统都是一个较为复杂的系统工程，都同时涉及机械、电气、控制等多个领域，而且有着各自的项目周期。工业机器人应用系统的项目周期一般包括项目销售、方案制定、方案验证、项目实施、工程管理、工程配置、项目调试、部署实操和项目维护等环节，如图 1-1 所示。

图 1-1 工业机器人系统项目周期

工业机器人应用系统项目周期建设的起点是从销售获得客户的工业机器人应用需求开始的，结合企业的方案，工程师给出初步项目方案，通过进一步挖掘和确定出客户需求、反复的方案论证、经济评价、当双方就方案达成一致，确定合作协议后，项目就进入企业项目计划与管理实施阶段。通过进一步细化整体方案，经历项目详细设计、仿真、实现、预装、客户现场安装、调试、配置、验收之后，项目交付完成，之后就是企业对系统及设备日常的操作和维护维修工作。在整个工程项目周期中，项目需求的开发管理、系统方案的设计、仿真、成本估算、方案的可行性分析、细化与优化等各阶段，三维建模都是必备关键技术。

二、工业机器人轮毂搬运打磨工作站简介

2022 年以来，约有 1/3 的机器人应用于汽车工业，约 1/2 的机器人用于搬运作业。企业广泛使用机器人作为提升质量和生产柔性的手段。汽车轮毂企业也大量使用机器人来进行轮毂加工中的搬运、打磨等工作。

汽车轮毂是轮胎内廓支撑轮胎、中心安装在轴上的金属部件，呈圆桶形，是连接制动鼓（制动盘）、轮盘和半轴的重要零部件。汽车轮毂样式繁多，在工业应用中，加工铝合金汽车轮毂一般需要铸造、检测、预钻孔、前处理、加工、检测、打磨、涂装、型式检验、涂层实验和终检等工序。本书的案例来源于智能制造企业汽车轮毂制造中的搬运及打磨工作站，通过对实际轮毂工作站的简化及优化，设置了本书的用于教学的汽车轮毂搬运打磨工作站的三维建模内容。通过设置的各个模块，将实现通过工业机器人完成轮毂在立体仓库、打磨工作站之间的搬运以及利于工业机器人完成打磨工艺的任务。工业机器人轮毂搬运打磨工作站系统如图 1-2 所示。工业机器人轮毂搬运打磨工作站由工业机器人、工具支架、轮毂及立体仓库、轮毂打磨 4 模块组成。

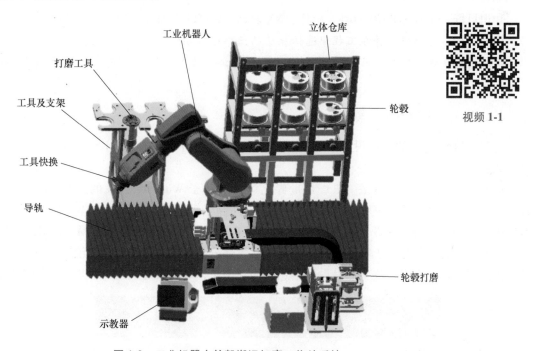

视频 1-1

图 1-2　工业机器人轮毂搬运打磨工作站系统

其中，工业机器人模块由工业机器人、控制器及示教器、平移滑台、快换模块法兰端等组件构成。工业机器人在工作空间内自由活动，完成以不同姿态拾取轮毂和打磨工作。平移滑台作为工业机器人的扩展轴，通过线性运动扩大了工业机器人的可达工作空间。快换模块法兰端安装在工业机器人末端法兰上，可与快换模块工具端匹配，实现工业机器人抓取轮毂工具和打磨工具的自动更换。

工具及支架模块用于存放不同功用的工具，由工具架和工具组成。工业机器人根据指令到指定位置安装或释放工具；在这里，工具单元提供了两种不同类型的工具：轮毂夹爪和打

磨枪。两种工具均配置了快换模块工具端，可以与快换模块法兰端匹配。

轮毂及仓储模块用于临时存放轮毂，由轮毂和立体仓库两个组件构成。其中立体仓库设计有轮毂托盘。

打磨模块是完成对轮毂表面打磨功能的智能制造单元，由打磨工位、旋转工位、翻转工装、吹屑工位、防护罩等组件构成。旋转工位可在准确固定零件的同时带动零件实现沿其轴线旋转180°，方便切换打磨区域。打磨工位可准确定位零件并稳定夹持，是实现打磨加工的主要工位。翻转工装无须在执行单元的参与下，实现零件在打磨工位和旋转工位的转移，并完成零件的翻转。吹屑工位可以实现在零件完成打磨工序后吹除碎屑功能。防护罩起到安全防护的作用。

任务 2　机械系统常用三维建模软件认知

学习目标

知识目标：了解 SOLIDWORKS 软件、NX 软件、CATIA 软件及 CREO 软件的特点。

技能目标：能够识别并在工程中选择合适的三维建模软件。

素质目标：理解什么是三维建模软件及其应用；理解数字化设计是企业设计最重要的手段。

一、SOLIDWORKS 软件

工程项目中使用的三维设计软件很多，常用的软件有 SOLIDWORKS、NX、CATIA 及 CREO 软件等。

SOLIDWORKS 软件（见图 1-3）是世界上第一个基于 Windows 开发的三维 CAD 系统，其功能强大，组件繁多。SOLIDWORKS® CAD 软件涵盖了设计、仿真、成本估算、可制造性检查、CAM、可持续性设计和数据管理。它具有功能强大、组件繁多、易学易用和技术创新三大特点，主要应用于零部件设计企业，是大部分非标设备公司首选的绘图软件。通过可提供的不同设计方案、改变产品设计信息的沟通手段，缩短设计周期，可显著改进和简化

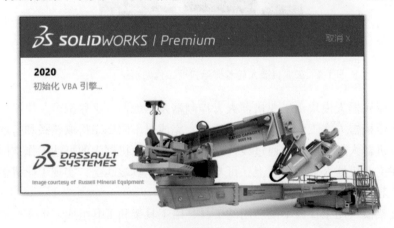

图 1-3　SOLIDWORKS 软件

产品的开发和制造方式，减少设计过程中的错误以及提高产品质量，实现产品快速、高效地投向市场。这使得 SOLIDWORKS 成为常用的三维 CAD 解决方案。

二、NX 软件

NX（Siemens NX）是 Siemens PLM Software 公司出品的一款既灵活又功能强大的集成式解决方案，如图 1-4 所示。软件支持产品开发中从概念设计到工程和制造的各个方面，提供成套集成的工具集，用于协调不同学科、保持数据完整性和设计意图以及简化整个流程。它功能强大，可以轻松实现各种复杂实体及造型的建构。它为用户的产品设计及加工过程提供了数字化造型和验证手段，包含了企业中应用最广泛的集成应用套件，广泛应用于模具、机加工、汽车设计、零部件设计等行业，用于产品设计、工程和制造全范围的开发过程。NX 软件针对用户的虚拟产品设计和工艺设计的需求，提供了经过实践验证的解决方案。

图 1-4 NX 软件

三、CATIA 软件

CATIA 是法国达索飞机公司开发的一款高档 CAD/CAE/CAM 一体化软件，如图 1-5 所示。CATIA 软件的集成解决方案可满足为数字化企业定制出最佳的解决方案。通过建立一个针对产品整个开发过程的工作环境，在概念设计、详细设计、工程分析、成品定义和制造，乃至成品整个生命周期的使用和维护的环境中，实现对产品开发过程各个方面的仿真，实现工程人员与非工程人员之间的通信。软件在曲面造型方面具有独特的优势，因而在航空、航天、汽车、船舶等领域享有很高的声誉，尤其在汽车行业应用比较广泛。

四、CREO 软件

CREO 软件是美国 PTC 公司于 2010 年 10 月推出的标志性软件产品，如图 1-6 所示。CREO 和 Proe 是版本不同的一个软件，是一套包括从设计至生产的机械自动化软件。软件以参数化著称，是参数化技术的最早应用，具备互操作性、开放和易用三大特点。不同于其

图 1-5　CATIA 软件

他解决方案，在产品生命周期中，CREO 软件可为设计过程中的每一名参与者适时提供合适的解决方案，满足不同的用户对产品开发的不同需求。在机械设计领域、工程机械、船舶行业以及模具、机加工行业应用较多。

图 1-6　CREO 软件

任务 3　SOLIDWORKS 软件概述

学习目标

　　知识目标：了解 SOLIDWORKS 软件版本及配置要求；了解 SOLIDWORKS 软件的功能；理解 SOLIDWORKS 软件建模相关的术语。

　　技能目标：能够安装、卸载 SOLIDWORKS 软件；熟悉 SOLIDWORKS 软件的操作环境。

　　素质目标：理解 SOLIDWORKS 软件是设计的工具和表达的手段；树立数字化设计思维方式。

SOLIDWORKS® CAD 软件是一种机械设计自动化应用程序，设计师使用它能快速地按照设计思想绘制草图，运用各种特征，生成模型、制作工程图和生成模型动画。本书的各个项目均基于 SOLIDWORKS 软件进行讲解，本任务将对 SOLIDWORKS 软件进行总体介绍。

一、SOLIDWORKS 软件功能

SOLIDWORKS 软件是一个基于特征、参数化和实体建模的设计工具，采用图形化用户界面、易学易用。它主要具有以下几方面的功能。

1. 零件设计建模

装配体是由零部件以及各子装配体组成的，创建和编辑全相关的三维实体零件模型是 SOLIDWORKS 软件最基本的功能。根据三维模型可生成二维工程图，或者生成三维装配体及其二维工程图。

绘制草图是创建实体模型的基础，特征由草图生成，零件是通过一个或多个特征组合生成，例如拉伸、旋转、薄壁特征、高级抽壳、特征阵列、打孔、放样、扫描等。创建特征的尺寸和几何关系都将保存在设计模型中，参数化可以很容易实现设计的更改，模型与它的工程图以及装配体是全相关的，对模型的修改同时会自动反映到与之相关的工程图和装配体中，这种参数化的动态设计可以在模型中充分体现设计者的工作意图，而且可实现快速简单的模型修改。

SOLIDWORKS 提供了顶尖的、全相关的钣金设计能力。可以直接使用各种类型的法兰、薄片等特征，使正交切除、角处理以及边线切口等钣金操作变得非常容易。

2. 装配设计

通过定义零部件间的相对位置关系，将多个零部件装配在一起成为装配体。SOLIDWORKS 软件提供了方便的工具，通过选择提供的多种配合方式，轻松设置零部件间的位置关系，准确装配各零部件。装配体中的零部件可在三维关联中运转，以及方便生成装配体爆炸视图。装配体可以实现智能化装配，操作非常简便高效，可以进行动态装配干涉检查、间隙检测、静态干涉检查、动画式的装配和动态查看装配体运动。

3. 工程图

使用 RapidDraft 工程图技术，可以将工程图与三维模型单独进行操作，加快了工程图的操作的同时，仍然保持与三维模型的相关性；可为三维模型自动产生工程图，包括视图、尺寸和标注；灵活多样的视图操作，可以建立各种类型的投影视图、剖面视图和局部放大视图，交替位置视图能够方便地显示零部件不同的位置，在统一视图中生成装配的多种不同位置的视图，方便了解运动顺序。

4. 运动仿真

SOLIDWORKS 软件可以制作装配体的动画。通过生成动画运动算例，SOLIDWORKS 可以完成仿真运动及动画设计，制作展现产品动画效果的 .avi 文件，可以创建旋转视图动画、爆炸视图动画或者解除爆炸视图动画。还可以从其他类型的运动算例中输入装配体运动。

二、SOLIDWORKS 建模一般过程

利用 SOLIDWORKS 软件，机械设计工程师能快速地按照其设计意图绘制草图，运用各种特征与不同尺寸，以及生成模型和制作详细的工程图。进行产品设计通常包括确定模型要

求、构思模型、开发模型、分析模型、建立模型原型、构建模型、编辑模型等几个步骤。若要修改，则可使用 SOLIDWORKS 来对草图、工程图、零件或装配体进行编辑修改。

在开始真正设计模型之前，需要对模型的生成方法进行细致的计划，落实需求并确定适当的概念以后，即可开发模型。其中涉及的术语有以下几种。

1. 草图

草图是大多数 3D 模型的基础，是 2D 轮廓或横断面。可以使用基准面或平面来创建 2D 草图，例如图 1-7 是工业机器人大臂外壳草图。除了 2D 草图，还可以创建包括 X 轴、Y 轴和 Z 轴的 3D 草图。创建草图的方法有很多种，合理的草图是实现优秀设计的前提，例如绘制草图时要选择合理的草图基准，减少冗余元素，保证草图完全定义，做好标注尺寸以及在何处应用几何关系等。

2. 特征

绘制草图后可以从草图生成特征，将一个或多个特征组合即生成零件。特征分为草图特征和应用特征。草图特征一般包括一些基于各种形状的特征，如凸台、切除、孔等，以及另一些基于使用沿路径轮廓的特征，例如放样和扫描等。图 1-8 所示为工业机器人大臂外壳基于草图上的拉伸特征。

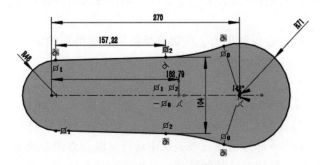

图 1-7 大臂外壳草图

图 1-8 大臂外壳拉伸特征

而应用特征，则不需要草图，是直接创建于实体模型上的特征，例如圆角、倒角或抽壳等，图 1-9 所示为工业机器人大臂外壳零件上添加的圆角特征。通常，通过包含基于草图的特征生成零件，然后在零件上添加应用特征。图 1-10 是工业机器人大臂外壳三维设计模型。同一模型可以有多种特征表达形式，而特征的生成与草图密切相关，所以在设计阶段要求选择适当的特征，确定要应用的最佳特征，并且要决定以何种顺序应用这些特征，以合理地表达设计意图。

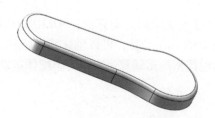

图 1-9 大臂外壳圆角特征

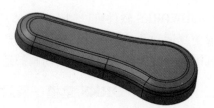

图 1-10 大臂外壳三维设计模型

3. 装配体

此阶段是要选择有配合关系的零部件以及要应用的配合类型。将能够装配在一起的多个零件组合和配合起来以生成装配体。几乎所有模型都包含一个或多个草图以及一个或多个特征，图 1-11 所示为机器臂装配体，图 1-12 是机械臂夹爪装配体。但并非所有的模型都包含装配体。装配体在装配过程中，要选择好装配基准，选择最优配合关系，尽量采用子装配体分层次进行装配，适当简化装配复杂度。

图 1-11　机械臂装配体

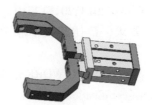

图 1-12　机械臂夹爪装配体

4. 工程图

可以从零件或装配体模型生成工程图。工程图提供有多个视图，例如，标准三视图和等轴测视图（3D）等。图 1-13 是夹爪手指零件工程图。图样可以从模型文件导入尺寸并且添加注解（例如基准目标符号）等。

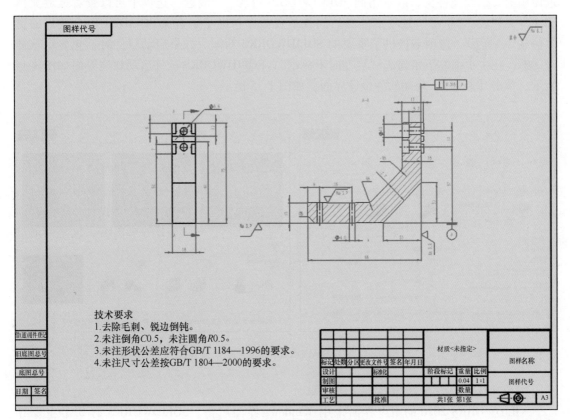

图 1-13　夹爪手指零件工程图

9

三、SOLIDWORKS 软件配置与基本界面

（一）SOLIDWORKS 软件系统要求

操作系统：单机仅限 64 位系统，支持 Windows10、Windows 7 SP1 操作系统。

内存：16GB 或以上。

处理器：3.3GHz 或以上。

（二）SOLIDWORKS 软件配置

Internet Explorer：IE10。

Excel 和 Word：2013\2016\2019。

更多系统要求，请访问以下相关网站：https://www.solidworks.com/support/system-requirements。

更多适合使用 SOLIDWORKS 的工作站和显卡认证：https://www.solidworks.com/support/hardware-certification。

（三）SOLIDWORKS 2020 软件的基本界面

1. SOLIDWORKS 启动界面

将 SOLIDWORKS 安装文件准备好，安装激活软件后，就可以正常使用了。打开 SOLIDWORKS 2020 后，会看到欢迎对话框，欢迎对话框提供了"主页""最近""学习""提醒"4 个选项卡，其中"主页"选项卡可以新建文档，打开新文档和现有文档、查看最近使用的文档和文件夹，以及访问 SOLIDWORKS 资源。"最近"选项卡可以查看最近文档和文件夹列表。"学习"选项卡能够访问教学资源以帮助了解有关 SOLIDWORKS 软件的更多信息。"提醒"选项卡提供了重要的 SOLIDWORKS 新闻。如果启动软件时不想显示欢迎对话框，在主页面左下角勾选"启动时不显示"，SOLIDWORKS 软件启动欢迎界面如图 1-14 所示。单击【新建】，启动软件设计界面，如图 1-15 所示。

图 1-14 SOLIDWORKS 软件启动欢迎界面

2. SOLIDWORKS 2020 软件基本界面

SOLIDWORKS 2020 的用户界面采用 Windows 界面风格。SOLIDWORKS 有 3 个主要界

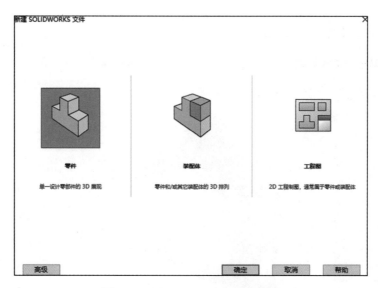

图 1-15　SOLIDWORKS 新建界面

面，也就是零件、装配体和工程图，3 个界面的菜单和工具各不相同，使用时只出现与当前环境相匹配的菜单和工具栏。图 1-16 所示是一个典型的 SOLIDWORKS 零件设计界面，图 1-17 所示是一个典型的 SOLIDWORKS 装配体设计窗口。

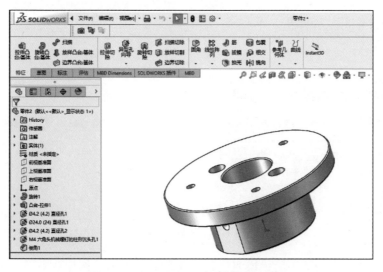

视频 1-2

图 1-16　SOLIDWORKS 零件设计界面

（1）菜单栏　菜单栏包含熟悉的 Windows 功能，请将鼠标指针悬停在左上角的 SOLIDWORKS 徽标上，会显示菜单，菜单默认隐藏，单击 📌 固定菜单。快速访问工具栏包括欢迎、新建、打开、保存、打印等几个快速工具，单击工具按钮旁边的下移方向键，可以扩展以显示带有附加功能的弹出菜单。例如单击保存旁边的下移方向键，将弹出保存、另存为和保存所有菜单，如图 1-18 所示。

图 1-17　SOLIDWORKS 装配体设计窗口

1—菜单栏　2—命令栏　3—CommandManager 命令栏　4—管理程序器窗格　5—FeatureManager 设计树
6—状态栏　7—图形区域　8—任务窗格　9—帮助按钮　10—SOLIDWORKS 搜索和帮助
11—工具栏　12—前导视图工具栏

图 1-18　菜单栏

当菜单带有右向指向的箭头时，说明该菜单项带有子菜单。例如单击【插入】【凸台/基体】，右侧箭头将显示子菜单，如图 1-19 所示。

（2）CommandManager 命令栏　单击 CommandManager 中的选项卡，例如【装配体】工具栏时，会弹出装配体工具栏下所有的工具命令按钮，涉及控制零部件管理、移动和配合的工具，单击相应工具按钮，进行装配体方面建模设计，如图 1-20 所示。CommandManager 是一个上下文相关工具栏，提供对 SOLIDWORKS 工具的访问，它根据文档类型嵌入相应的工具栏，将工具栏按钮集中起来使用。右键单击 CommandManager，可以选择或清除使用带有文本的大按钮。

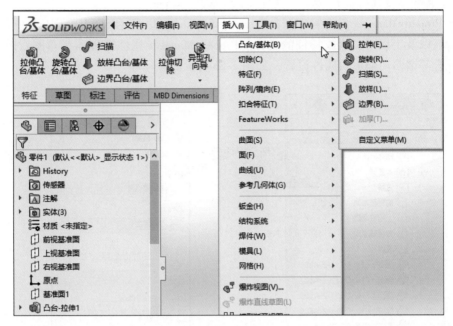

图 1-19 子菜单

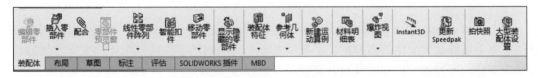

图 1-20 CommandManager 命令栏

（3）管理程序器窗格 SOLIDWORKS 窗口的左侧面板设置有管理程序器窗格。它管理零件和装配体设计、工程图纸、属性、配置以及第三方应用程序。如图 1-21 所示，用户可以通过单击 SOLIDWORKS 窗口中左侧面板顶部的选项卡在 FeatureManager 设计树、PropertyManager、ConfigurationManager、DimXpertManager 和 DisplayManager 之间切换。

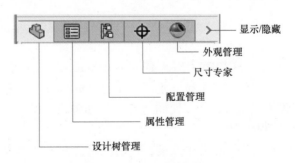

图 1-21 管理程序器窗格

（4）FeatureManager 设计树 FeatureManager 设计树显示零件、装配体或工程图的建模步骤。图 1-22 所示是装配体设计树窗格，装配体中的 FeatureManager 设计树显示零部件

13

（零件或子装配体及其特征）、Mates 文件夹以及装配体特征。

（5）PropertyManager 属性管理器　PropertyManager 可以显示 SOLIDWORKS 中的大部分草图、特征以及工程图实体或特征的属性。PropertyManager 属性管理器为草图、圆角特征、装配体配合等诸多功能提供属性设置，如图 1-23 所示。

图 1-22　装配体设计树窗格

图 1-23　PropertyManager 属性管理器

（6）ConfigurationManager 配置管理器　配置管理器（见图 1-24）能够在文档中生成、选择和查看零件及装配体的多种配置。配置是单个文档内的零件或装配体的变体。例如，可以使用螺栓的配置指定不同的长度和直径。

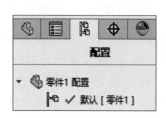

图 1-24　ConfigurationManager 配置管理器

（7）尺寸专家管理器　SOLIDWORKS DimXpertManager 工具可帮助新用户熟练使用 DimXpert 工具来手动或自动插入尺寸和公差，零件的 DimXpert 支持很多制造特征，例如可以使用 DimXpert 在工程图中插入尺寸以使制造特征（如阵列、槽、套）完全定义，也可将这些尺寸和公差导入到工程图中。

尺寸专家管理器中列举了自动尺寸方案、自动配对公差、基本大小尺寸、常用轮廓公差、显示公差状态等，如图 1-25 所示。

（8）DisplayManager 显示/隐藏管理器　DisplayManager 列举了应用到当前模型的外观、贴图、光源、布景及相机。图 1-26 所示为 DisplayManager 管理器，从中用户可查看所应用的内容，并可添加，编辑或删除项目。

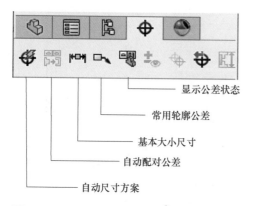

图 1-25　DimXpertManager 尺寸专家管理器

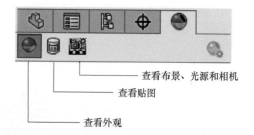

图 1-26　DisplayManager 显示/隐藏管理器

（9）分割窗格显示　分割窗格以显示一个以上管理程序或一个管理程序的多个复制件。例如在 PropertyManager 中，可以展开图形窗口中的零件以同时查看 FeatureManager 弹出设计树，如图 1-27 所示。

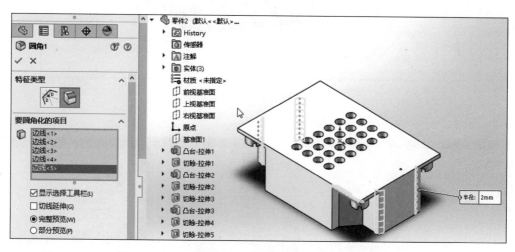

图 1-27　分割窗格显示

（10）图形区域　图形绘制区域用于生成和处理零件、装配体或工程图的区域。如图 1-28 所示，绘图区域为机器人装配图模型的绘制。

（11）任务窗格　任务窗格设置了访问 SOLIDWORKS 资源，设计库，文件探索器，视图调色板，外观、布景和贴图，自定义属性和 SOLIDWORKS forum 论坛等，如图 1-29 所示。默认位于界面的右侧，可以打开或者关闭、移动和调整大小。其中，"SOLIDWORKS 资源"包含欢迎对话框、SOLIDWORKS 工具、在线资源和订阅服务命令组以及链接。"设计库"包含访问设计库、Toolbox 和 SOLIDWORKS 内容的各种标准零件、库特征和其他可重用内容。若安装有 SOLIDWORKS Toolbox 库，在设计中便可插入 Toolbox 库。SOLIDWORKS Toolbox 支持多个国际标准，提供多个工程设计工具，包括与 SOLIDWORKS 软件集成的标准零件库。用户可以选择所需标准插入零件的类型，然后将零部件拖到装配体中。工程设计任务有关 SOLIDWORKS Toolbox 的课程，请参阅 Toolbox 指导教程。

图 1-28　机器人模块装配设计

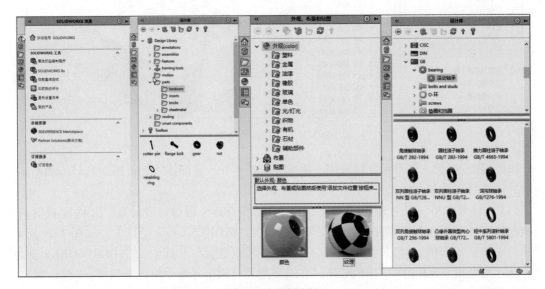

图 1-29　任务窗格

（12）SOLIDWORKS 搜索和帮助　使用 SOLIDWORKS 遇到问题时，可以通过帮助找到答案。SOLIDWORKS 中的帮助为上下文相关，使用 HTML 格式。单击工具栏上的 SOLIDWORKS 帮助 ⑦ 工具，在对话框或 PropertyManager 中单击 ⑦ 或按 F1 键可访问上下文相关帮助。

使用 SOLIDWORKS Search 可以查找文档，搜索论坛中的信息，搜索帮助、命令、文件和模型，如图 1-30 所示。

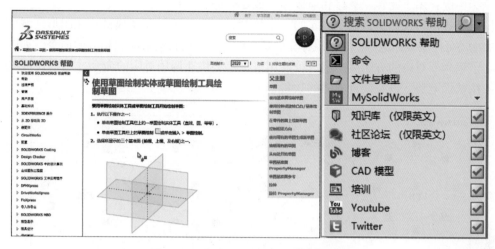

图 1-30　SOLIDWORKS 的帮助和搜索

（13）前导视图工具栏　前导视图工具栏是一个透明的工具栏，它包含许多常用视图操作命令，如：整屏显示全图、局部放大、剖面视图、视图定向等。通过弹出工具按钮，一个小的向下的箭头可访问其他命令，可控制所有类型的可见性，如图 1-31 所示。

视频 1-3

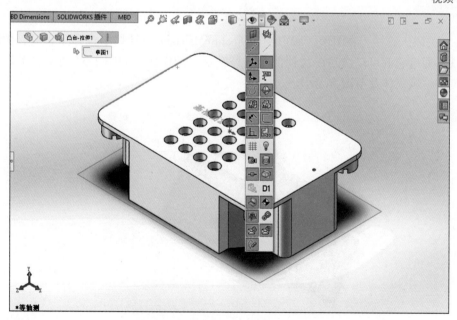

图 1-31　前导视图工具栏

（14）鼠标按键　在 SOLIDWORKS 中，使用以下方法操作鼠标按键。

鼠标左键：用于选择对象，如菜单按钮、图形区域中的实体以及 FeatureManager 设计树中的对象。

鼠标右键：显示关联的快捷菜单。

鼠标中键：用于旋转、平移和缩放零件或装配体、工程图。

鼠标笔势作为快速执行命令或宏的一个快捷键，类似于键盘快捷键。在图形区域中，通过右键拖动可使用鼠标笔势，根据鼠标在屏幕上的移动方向自动对应到相应的命令，如图1-32所示。了解命令对应的方向后，用户可使用鼠标笔势快速调用对应的命令。用户还可以开启或者停用鼠标笔势，以及设置笔势的数量。

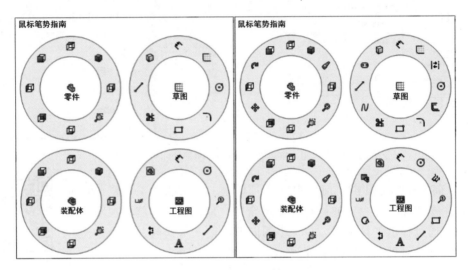

图 1-32　鼠标笔势

（15）关联工具栏　在图形区域中或在 FeatureManager 设计树中选择项目时，关联工具栏将出现。通过它们可以访问在这种情况下经常执行的操作。如图 1-33 所示，关联工具栏可用于零件、装配体及草图。

图 1-33　关联工具栏

（16）功能选择和反馈　在 SOLIDWORKS 建模的过程中，绘制实体的草图或应用特征时，SOLIDWORKS 应用程序会提供反馈。反馈一般包括指针、推理线、预览等。指针改变形状显示看到的对象类型，当光标通过模型时，与光标相邻的符号就是指针反馈，例如在草图中，指针显示端点、中点、直线水平的几何关系等，在实体中，显示矩形和圆等，在绘图时，推理线显示为虚线，指针和现有草图实体（或模型几何体）之间的几何关系将通过推理线高亮显示，例如，绘制的直线是水平的，如图 1-34 所示。

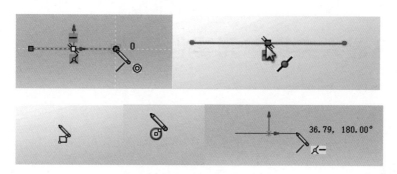

图 1-34　功能选择与反馈

（17）自定义用户界面　可以自定义工具栏、菜单、键盘快捷键以及其他用户界面元素。有关自定义 SOLIDWORKS 用户界面的课程，可参阅自定义 SOLIDWORKS 教程。

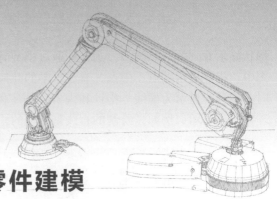

项目 2

工业机器人夹具单元零件建模

📋 项目情境

工业机器人夹具又叫作末端执行器，是机器人用于抓取或吸附工件或者夹持专用工具（如喷枪、扳手等）进行操作的部件，它具有模仿人手动作的功能，并安装于机器人手臂的前端。工业机器人夹具一般安装在机器人上，搭配信号反馈，多以气动方式执行夹具动作。在设计机器人夹具时，需要满足工件抓取过程的简单、快速，又有足够的夹紧力，以保证工件抓取定位的稳定性和可靠性。机器人夹具常见的应用主要有机床上下料、工件搬运、码垛、焊接、研磨等作业。教材中的搬运打磨工作站机器人因实现多工艺要求，配备有多个夹具来实现轮毂零件的搬运、打磨等任务，可使用的夹具如图 2-1 所示。

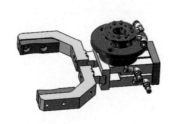

a) 机器人夹爪工具　　　　　b) 机器人打磨工具　　　　c) 吸盘工具

图 2-1　打磨工作站工件夹具

本项目基于工业机器人搬运打磨工作站，以搬运汽车轮毂夹具的零件建模为任务，完成夹爪工具、打磨工具相关多个零件的三维建模。项目基于任务，学习草图绘制基本命令、递进学习作图标准，学习拉伸、倒角等基本特征的知识点和技能点，完成各零件的建模设计。

学习导图 →

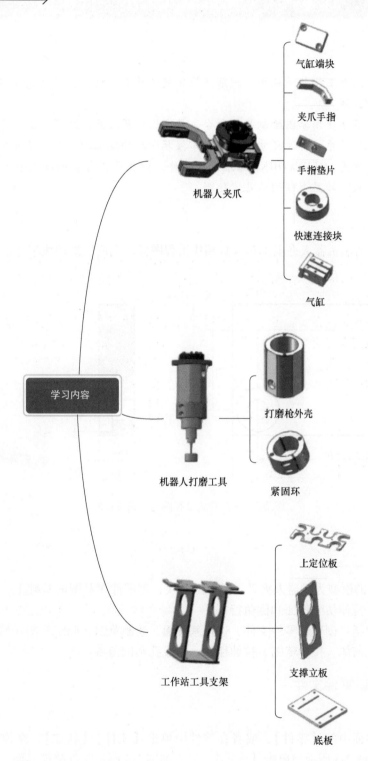

气缸端块

夹爪手指

手指垫片

机器人夹爪

快速连接块

气缸

学习内容

机器人打磨工具

打磨枪外壳

紧固环

上定位板

工作站工具支架

支撑立板

底板

任务1 工业机器人夹爪零件建模

📋 学习目标

知识目标：理解三维软件建模，理解三维建模的草图、特征，熟悉建模规范，理解如何表达零件的设计意图。

技能目标：熟练使用草图绘制基本命令，学会选择基准面、绘制草图、使用草图约束的方法确定草图几何关系、标注尺寸的方法，掌握草图拉伸特征的操作方法和技巧。

素质目标：熟悉SOLIDWORKS三维设计软件，树立严谨负责的绘图态度，遵循建模规范，树立认真细致、精益求精的从业价值观。

📰 任务要求

根据图2-2所示机器人夹爪工具气缸端块工程图样，完成气缸端块零件建模。

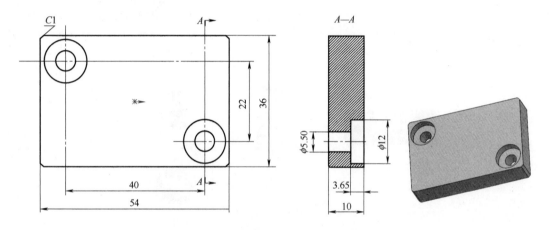

图2-2 气缸端块工程图样和三维视图

📋 任务分析

图2-2所示的模型为机器人夹爪工具气缸端块，该零件在草图的基础上，主要完成一个拉伸凸台特征、拉伸切除特征和倒角特征。

建模过程包括：创建新零件文件、选择基准面、绘制草图、确定草图几何关系、确定草图状态、绘制几何体、拉伸草图、拉伸切除、生成孔和倒角特征等。

一、创建新零件文件

1. 新建文件

单击欢迎界面中的【零件】，或者在软件中单击【文件】/【新建】，在弹出对话框中单击【零件】，如图2-3所示，单击【确定】，进入如图2-4所示零件建模界面。

图 2-3　新建文件

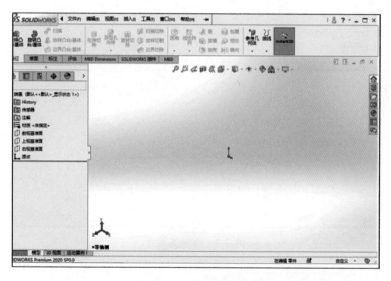

图 2-4　新建零件

创建新零件的一个关键设置是单位设置，采用模板创建零件就采用了该模板包括的单位在内的设置。单击右下角【自定义】，弹出修改单位对话框，在其中选择需要的单位，或者在【选项】/【文档属性】中单击【单位】，来修改绘图单位。

2. 保存文件

完成文件的建模后，可以对文件命名并保存文件至指定的目录。系统自动为文件添加扩展名"＊. sldprt"，保存文件可以直接单击【保存】，或者【另存为】新的文件或者文件类型，或者另存备份档使用。

二、二维草图

绘制草图就是绘制由几何元素构成的二维轮廓线。典型的二维几何元素有直线、圆、矩形、圆弧和椭圆等。

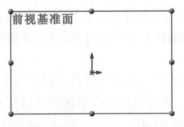

视频 2-1

（一）基准面

生成第一个新零件或装配体时，第一个基准面决定零件的方位，所以必须选择一个合适的基准面。基准面根据绘图要求可以是系统默认的基准面，也可以是新创建的基准面或已有实体上的平面。系统默认的草图基准面有三个，分别是前视基准面、上视基准面和右视基准面，且不能修改。绘制新草图时，应优先选择这三个基准面。例如单击"前视基准面"，在弹出的【关联工具栏】中，选择单击其中第一个命令【草图绘制】🖉或者第四个命令【正视于】⬇，或者单击【草图】选项卡中的【草图绘制】命令，如图2-5所示，基准面会自动旋转到与屏幕平行的位置，界面换成草图绘制界面，界面左边设计树中增加草图的名称"草图1"，如图2-6所示。

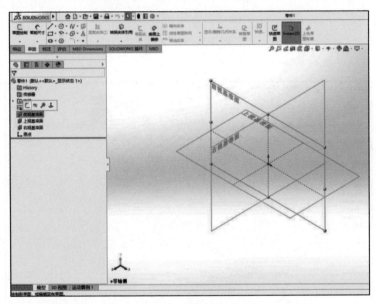

图 2-5　选择基准面

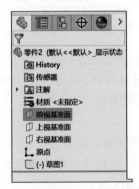

图 2-6　前视基准面

（二）认识草图

在【设计树】里面选择一个草图平面，进入草图编辑状态。绘图区右上角处显示有两个符号：一个是绿色的【确定】按钮，一个是红色的【取消】按钮。单击【确定】按钮保存对草图所做的更改并退出草图绘制状态；单击【取消】按钮将退出草图绘制状态并放弃对草图所做的任何更改。状态栏也同时显示草图处于编辑状态。

（三）草图绘制

1. 草图实体

SOLIDWORKS 提供了丰富的绘图工具来创建草图轮廓。表 2-1 列出了 SOLIDWORKS 在草图工具栏默认提供的基本草图绘制实体工具。

表 2-1　基本草图绘制实体工具表格

草图实体	工具按钮	示例	草图实体	工具按钮	示例
直线			三点圆弧槽口		
			中心点圆弧槽口		
圆			多边形		
圆心/起、终点圆弧			边角矩形		
切线弧			中心矩形（可添加多种类型的构造几何体）		
3 点圆弧					
椭圆			3 点边角矩形		
部分椭圆			3 点中心矩形		
抛物线			平行四边形		
样条曲线			点		
直槽口			中心线		
中心点直槽口					

2. 绘制直线

单击"草图"工具栏上的直线 ✐ 按钮，或单击【工具】/【草图绘制实体】/【直线】，指针变为 ✐，移动光标至绘图区直线起点，单击鼠标左键，释放鼠标左键，移动指针到直线的终点，在绘图区中可预览所绘直线，并显示直线的长度，单击鼠标左键，再双击左键，完成直线绘制。绘制直线的另一种操作方式为单击草图工具栏上的 ✐（直线）按钮，移动光标在绘图区直线起点处，单击左键，将指针拖动到直线的终点然后放开，完成直线绘制。重复操作可完成多条直线的绘制。草图命令默认是连续绘制，绘制结束后按 Esc 键或右击【选择】结束命令的连续绘制状态。此两种鼠标操作方式适用于大多数草图绘制命令，例如圆、边角矩形、直槽口等。

在草图基准面上绘制第一张草图，需要选择合适的绘制基准。第一张草图通常选择"原点"作为基准，绘制草图基准的选取通常与模型的设计基准、尺寸基准和装配基准重合。

3. 推理线

推理线是绘制草图的指引线、参考线，推理线会捕捉到几何元素间确切的几何关系。若开启系统自动添加几何关系，在进行草图绘制时，系统会自动为绘制的元素添加一些几何关系，例如所绘直线，系统有水平、竖直等推理线提示，直线间提示垂直关系等推理线，绘图中，光标还可以捕捉端点、中点、重合点等。SOLIDWORKS 的推理线包括线矢量、法线、平行、垂直、相切、同心等，各种推理元素会以不同的符号高亮显示出来。如图 2-7 所示，黄色的推理线代表相切或水平的几何关系，而绿色的推理线仅仅作为一个端点到另一个端点的垂直的参考或者所绘线段的终点。

4. 绘制圆

单击【草图】工具栏上 ⊙【圆】按钮，或者选择【工具】/【草图绘制实体】/【圆】菜单命令，打开【圆】属性管理器。圆的绘制方式有中心圆和周边圆两种，如图 2-8 所示。

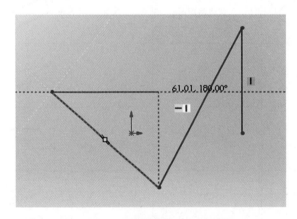

图 2-7　自动草图几何关系

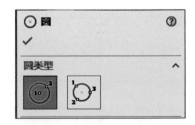

图 2-8　圆属性管理器

（1）中心圆　【绘制基于中心的圆】：以指定圆心和半径的方式绘制圆。在草图绘制状态下，选择【工具】/【草图绘制实体】/【圆】菜单命令，或者单击【草图】工具栏上的

【圆】按钮，开始绘制圆。在【圆类型】选项组中，单击【绘制基于中心的圆】按钮，在图形区域中合适的位置单击，确定圆心，移动指针，绘图区域会预览出要绘制的圆，指针旁提示圆的半径，在合适的位置单击，确定圆的半径，单击【确认】按钮，完成圆的绘制。

（2）周边圆　【绘制基于周边的圆】：以指定圆周上的点的方式绘制圆。在草图绘制状态下，选择【工具】/【草图绘制实体】/【圆】菜单命令，或者单击【草图】工具栏上的【圆】按钮，开始周边圆的绘制。在图形区域中合适的位置单击，确定圆周上的第一点、第二点和第三点，单击【确认】按钮，完成周边圆的绘制。

5. 绘制圆弧

单击【草图】工具栏上的【圆心/起/终点画弧】按钮，或【切线弧】按钮，或【三点画弧】按钮，或者选择【工具】/【草图绘制实体】/【圆心】/【起/终点画弧】、【切线弧】或【三点画弧】菜单命令，打开【圆弧】属性管理器，如图2-9所示。

（1）圆心/起/终点画弧　在草图绘制状态下，选择【工具】/【草图绘制实体】/【圆心/起/终点画弧】菜单命令，或者【草图】工具栏目上的【圆心/起/终点画弧】按钮，开始绘制圆弧。在图形区域合适的位置单击，确定圆弧的圆心，单击确定圆弧的起点，再单击确定圆弧的终点，单击【确认】按钮，完成绘制。

图 2-9　圆弧属性管理器

（2）切线弧　以指定草图实体和切线切点的方式绘制圆弧。

在草图绘制状态下，选择【工具】/【草图绘制实体】/【切线弧】菜单命令，或者单击【草图】工具栏上的【切线弧】按钮，开始实行绘制切线弧。在已经存在的草图实体的端点处单击确定切线弧起点，移动指针至合适的位置单击，确定切线弧的终点，单击【确认】按钮，完成切线弧的绘制。

（3）三点画弧　在草图绘制状态下，选择【工具】/【草图绘制实体】/【三点圆弧】菜单命令，或者单击【草图】工具栏上的【三点圆弧】菜单命令，或者单击【草图】工具栏上的【三点圆弧】按钮，开始绘制圆弧。在图形区域单击，确定圆弧的起点，移动鼠标在合适位置单击，确定圆弧终点的位置，在合适的位置再单击，确定圆弧的中点位置，单击【确认】按钮，完成三点圆弧的绘制。

6. 剪裁实体

剪裁实体是将多余的草图进行剪裁或将想延伸的实体进行延伸的命令。

（1）剪裁实体　在草图栏上单击【草图】/【剪裁实体】/【剪裁实体】按钮，如图2-10所示，选择要剪裁的草图实体即可剪裁草图图形。在左侧剪裁 PropertyManager 属性管理器【选项】中，有五种剪裁选项，如图2-11所示。剪裁属性管理器中的选项包括【强劲裁剪】、【边角】、【在内剪除】、【在外剪除】、【剪裁到最近端】五项，选择所需剪裁的功能命令按钮，按住鼠标左键，拖动鼠标，鼠标轨迹呈现灰色，即可对轨迹线接触到的线条进行想要的裁剪，完成后，单击【确认】按钮接受剪裁实体。图2-12展示的是利用【剪裁到最近端】剪裁的结果。五个选项的具体使用可在 SOLIDWORKS 帮助中，通过查找"剪裁 PropertyManager"查看。

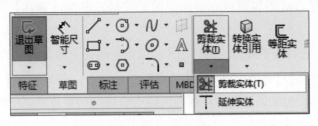

图 2-10　剪裁实体

图 2-11　剪裁属性管理器

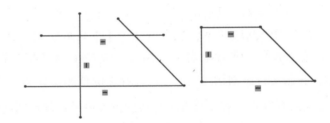

图 2-12　剪裁到最近端

（2）延伸实体　利用【延伸实体】命令可以增加草图实体（如直线、中心线或圆弧等）的长度，在通常情况下，使用延伸实体可将草图实体延伸，以与另一个草图实体相遇。

确定好基准面后，在草图工具栏单击【草图】/【剪裁实体】/【延伸实体】按钮┳，如图 2-13 所示。

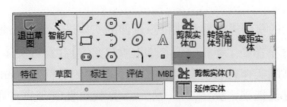

图 2-13　延伸实体

打开草图，单击【草图】控制面板上的【延伸实体】按钮┳。在草图上移动鼠标指针，鼠标指针形状将变为，选择要延伸的草图实体，观看实体延伸方向出现的橙色预览，接受预览即单击草图，如图2-14a所示。若预览显示的是错误的方向，将鼠标指针移到直线另一半上，如图2-14b所示。

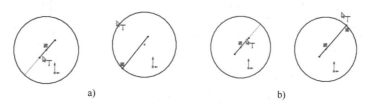

图2-14　延伸实体效果

7. 尺寸关系

草图尺寸是根据模型的设计意图，利用尺寸工具对草图对象进行尺寸定义。进行定义的操作方法有自动尺寸和手动尺寸两种。

（1）自动尺寸关系　【完全定义草图】功能就是一种自动标注工具，它是在草图绘制完成后进行标注。还有一种是在草图实体绘制过程中进行标注。

视频 2-2

在【选项】/【系统选项】/【草图】中，选中【在生成实体时启用荧屏上数字输入】，如图2-15a所示，设置成功后，草图绘制过程中尺寸输入框会随同一起出现，如图2-15b所示，实现一边绘制草图对象，一边通过键盘输入所需尺寸的标注方式。在连续绘制过程中，在输入框内输入尺寸，回车，即可实现自动切换输入框连续标注。

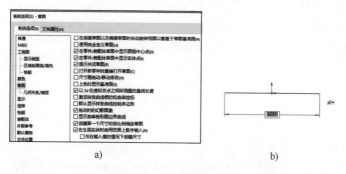

图2-15　系统选项设定

（2）手动尺寸关系　SOLIDWORKS软件通过【智能尺寸】功能完成手动尺寸标注。【智能尺寸】工具是系统根据用户选取的具体对象，来决定其尺寸的正确类型并可预览的一个工具。在草图几何体上移动鼠标就可以看到所有可能的标注方式，单击鼠标左键可将尺寸放置在当前的位置和方向，单击鼠标右键可锁定尺寸标注的方向，继续移动尺寸文字，找到合适的位置后单击鼠标左键确定标注。如图2-16所示，选择【智能标注】，选择图中同样的两个点，但选择不同的方向，标注表达的尺寸也不同，图2-16a、b、c显示了两点之间3种不同的尺寸标注。

大部分尺寸（如线性、圆周、角度）的插入都可使用尺寸/几何关系工具栏上的智能尺寸。

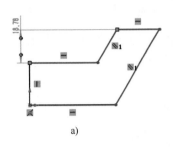 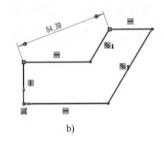 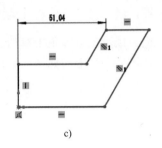

a)　　　　　　　　　　b)　　　　　　　　　　c)

图 2-16　智能尺寸标注

8. 几何关系

几何关系是指在草图实体之间或在草图实体与基准面、基准轴、模型边线或顶点之间的几何关系。SOLIDWORKS 中定义有多种几何关系，例如平行、竖直、垂直、相等、相切和同心等，常用几何关系图标如图 2-17 所示，一些几何关系是系统通过推理、指针显示、草图捕捉或快速捕捉自动添加的，另一些可以根据需要手动添加。在草图选项栏上单击【显示/删除几何关系】的下三角形，弹出如图 2-18 所示三项命令：显示/删除几何关系、添加几何关系和完全定义草图。

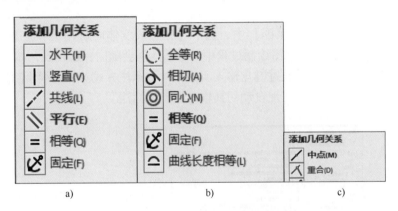

a)　　　　　　　　　　b)　　　　　　　　　　c)

图 2-17　常用几何关系

图 2-18　几何关系菜单

（1）添加几何关系　自动添加几何关系功能系统是默认打开的。在绘制草图的过程中，系统会为当前绘制过程中的绘制对象给出可添加的几何关系的提示，自动给绘制对象添加几何关系。自动几何关系有时不利于绘图，若提示的几何关系不合适，在绘制过程中，可以按下键盘上的<Ctrl>键临时取消自动几何关系功能。或者依次选择【选项】/【系统选项】/【草图】/【几何关系/捕捉】中的【自动几何关系】关闭其自动功能。

手动几何关系功能是人为地为绘制对象添加所需的几何关系。在【草图】选项卡中，通过单击【显示/删除几何关系】/【添加几何关系】，可弹出属性工具栏，在其中【所选实体】中，选择需要添加几何关系的对象，在【现有几何关系】中，根据实际需要选择几何关系即可。SOLIDWORKS 软件通过关联工具栏也可自动提示可能的几何关系，如图 2-19 所示，按住键盘上的<Ctrl>键，同时选取已绘制的直线和圆后，左侧 PropertyManager 属性栏内显示出这两个对象可添加的几何关系，同时系统在图中圆的上方弹出关联工具栏，关联工具栏显示可添加的几何关系有相切、固定和曲线长度相等三项，选择相切，结果如图 2-20 所示。

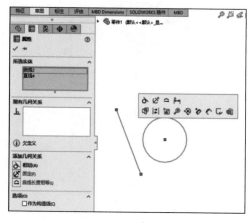

图 2-19　添加几何关系

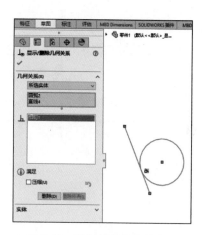

图 2-20　添加相切的几何关系

（2）显示/删除几何关系　单击【显示/删除几何关系】，即可显示所选对象的几何关系，代表几何关系的图标在图形区域中高亮显示，如图 2-21 所示，直线和圆的几何关系在左侧的属性对话框中显示为"相切"关系。单击下面的【删除】按钮可删除两者相切关系，在绘图中相切图标处单击鼠标右键，弹出菜单中也可删除该关系。

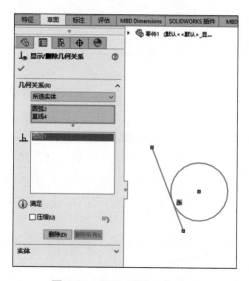

图 2-21　显示/删除几何关系

（3）完全定义草图　单击草图选项卡，显示/删除几何关系按钮下的【完全定义草图】按钮 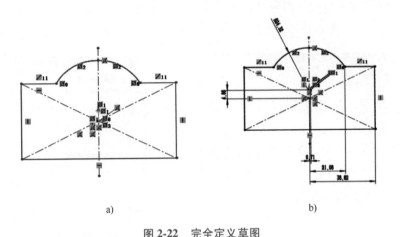，系统将计算需要哪些尺寸和几何关系才能完全定义欠定义的草图或所选的草图实体。图 2-22a 所示图形为不完全定义的草图，草图的线条呈现蓝色，图 2-22b 为通过完全定义草图功能完成对草图实体的完全定义，此时草图线条为黑色。【完全定义草图】功能不一定能够完美地标注所有尺寸关系，应根据需要进行手动修改，且该功能不适用于复杂草图。

a)　　　　　　　　　　　　　b)

图 2-22　完全定义草图

9. 草图实体状态

使用草图在生成特征之前，需要是完全定义的状态。SOLIDWORKS 软件的草图一般有 3 种不同状态，即完全定义、欠定义和过定义，具体状态显示在窗口的状态栏上，如图 2-23a、b、c 所示。

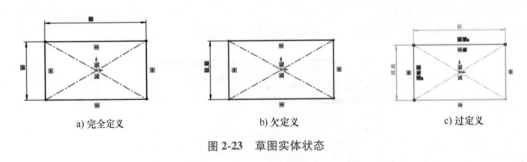

a) 完全定义　　　　　　　　b) 欠定义　　　　　　　　c) 过定义

图 2-23　草图实体状态

（1）完全定义　草图通过尺寸标注或添加几何关系来进行定义，如果草图的尺寸和位置都已经定义了，草图实体就是完全定义状态。完全定义的草图实体颜色是黑色，在完全定义的草图上，再添加一些几何关系，例如平行、垂直等，产生冗余的几何关系是被允许的。

（2）欠定义　欠定义的草图实体是蓝色的，表示实体未固定，需要对其添加尺寸或几何关系。

（3）过定义　过定义的草图实体显示为黄色，表示有过多定义的冗余尺寸。

尺寸和几何关系为草图实体中的两种类型约束。可以采用其中一种或两种来定义草图实体。虽然没完全定义的草图也可以生成特征，但一般要求草图实体是完全定义的，在后期实体模型变更修改时，完全定义的草图实体是可以预料变更的。

三、草图拉伸

草图完成后，可以通过拉伸创建零件的第一个特征。拉伸特征是基于一个草图轮廓，默认在垂直于草图平面的方向上，从指定位置开始，沿着指定方向，在实体零件上添加材料或去除原有实体材料的一种方法。拉伸有三个工具，分别是【拉伸凸台/基体】、【拉伸切除】和【拉伸曲

视频 2-3

面】。拉伸草图有多个选项，根据实际需要灵活选用，下面我们重点讲解【拉伸凸台/基体】和【拉伸切除】。

1. 拉伸凸台/基体

如图 2-24 所示，选择合适基准面，单击【特征】/【拉伸凸台/基体】，或单击【插入】/【凸台】/【基体】，在左侧的 PropertyManager 属性框中，选定拉伸的方向，深度填写 20mm，即可预览到草图被拉伸得到一个实体特征，之后单击【确认】按钮完成拉伸。

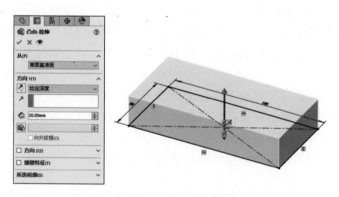

图 2-24　拉伸凸台/基体

【拉伸凸台/基体】的 PropertyManager 属性参数包括五组，分别是【从】、【方向 1】、【方向 2】、【薄壁特征】和【所选轮廓】，其中前四组具有二级选项，如图 2-25 所示。

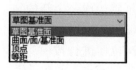

a)【从】二级选项

b)【方向1】二级选项

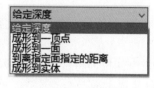

c)【方向2】二级选项

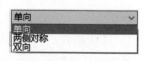

d)【薄壁特征】二级选项

图 2-25　【拉伸凸台/基体】属性二级选项参数

1)【从】用于设定拉伸特征的开始位置，有四个二级选项。

①【草图基准面】从草图所处基准面开始拉伸。

②【曲面/面/基准面】从所选的曲面、面或基准面开始拉伸，如图 2-26a 所示，草图必须完全包含在所选的曲面、面或基准面边界范围内。

③【顶点】该选项会从选择的顶点开始拉伸，如图 2-26b 所示。

④【等距】在输入等距值中设定等距距离。拉伸时从与当前草图基准面等距的基准面开始拉伸，如图 2-26c 所示。

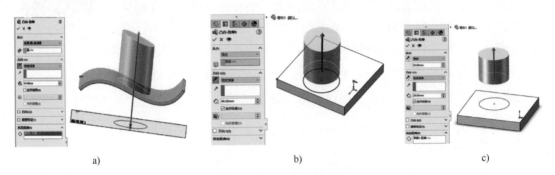

a)　　　　　　　　　　　　　　b)　　　　　　　　　　　　　　c)

图 2-26　拉伸凸台选项参数

2）【方向 1】设定特征的拉伸方式以及终止条件的类型，其中【反向】是与预览中所示方向相反的延伸。【终止条件】共有八个二级选项。

①【给定深度】设定拉伸深度值，在输入框内填入拉伸深度即可。

②【完全贯穿】选定此项，拉伸则从指定基准面开始直到贯穿所有现有的几何体。

③【成形到下一面】自动判断拉伸过程中所碰到的面，终止条件是整个草图范围内第一个碰到的面。

④【成形到一顶点】拉伸终止条件是选择的一个已有顶点。

⑤【成形到一面】拉伸的终止条件是选择的一个已有面或基准面，如果所选面小于草图范围，系统会自动延伸该面，以终止拉伸。

⑥【到离指定面指定的距离】拉伸终止条件是与选择的一个面或基准面输入指定距离的位置。

⑦【成形到实体】拉伸的终止条件是选择的一个已有实体，若当前只有一个实体，则拉伸结果类似于【成形到下一面】。

⑧【两侧对称】按给定的深度值进行两侧对称拉伸，拉伸的整个距离是输入深度。

【拉伸方向】在图形区域中选择方向向量作为拉伸方向，默认以垂直于草图轮廓的方向拉伸草图。

【合并结果】将拉伸产生的实体与现有实体合并。如果不选择，特征将生成一个新的独立实体。

【拔模开/关】增加拔模到拉伸特征。设置拔模角，按所输角度对该拉伸进行拔模。若选择向外拔模，则可选择拔模方向。

3）【方向 2】可实现同时从草图基准面往两个方向拉伸。其参数选项和【方向 1】相同。

4）【薄壁特征】用作钣金零件的基础。使用【薄壁特征】选项可控制拉伸厚度，拉伸默认是草图封闭区域全部填充实体，使用开放轮廓草图时，需要【薄壁特征】。使用封闭轮廓草图时，【薄壁特征】可选。

【薄壁特征】拉伸的类型有三种：【单向】、【两侧对称】和【双向】。

【单向】设定从草图按一个方向拉伸的厚度。

【两侧对称】设定从草图按两个方向对称拉伸的厚度。

【双向】两个方向可设定不同的拉伸厚度。

【顶端加盖】为薄壁特征拉伸的顶端加盖，生成一个中空的零件，且需要指定加盖厚度。该选项只可用于模型中第一个拉伸实体。

【自动加圆角】草图为非封闭环时，有此选项，在每一个具有直线相交处生成所输入半径值的圆角。

5）【所选轮廓】草图具有多个轮廓时，可使用部分草图创建拉伸特征。在图形区域中选择所需的草图轮廓，分别生成相应特征。

6）若需对草图进行修改，则在设计树中选择生成的特征，在弹出的关联工具栏中单击【编辑草图】，进入草图环境进行修改。

7）若需对特征参数进行修改，则在设计树中选择生成的特征，在弹出的关联工具栏中单击【编辑特征】进行参数修改。

2. 拉伸切除

【拉伸切除】的 PropertyManager 属性参数与【拉伸凸台/基体】基本相同，但其中有一个【反侧切除】选项，此功能只限于拉伸的切除，SOLIDWORKS 默认的拉伸切除是从由草图轮廓内部进行拉伸切除，如图 2-27 所示，而【反侧切除】功能则是去除草图轮廓外的材质，如图 2-28 所示。

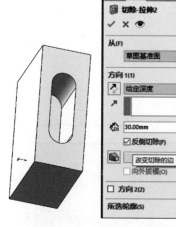

图 2-27　默认拉伸切除

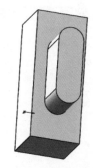

图 2-28　反侧切除

任务实施

根据图 2-2 零件所示任务要求，气缸端块零件建模操作步骤如下：

步骤 1　新建零件文件。新建 SOLIDWORKS 文件中选择【零件】选项，单击【确定】按钮，创建新零件时进行单位设置，采用该模板创建零件就采用了该模板包括的单位在内的设置。如图 2-29a 所示，进入零件建模环境，命名保存文件至指定的目录。系统自动为文件添加扩展名"＊.sldprt"，保存文件

视频 2-4

可以直接单击【保存】，或者【另存为】新的文件或文件类型。

在设计树里面选择【上视基准面】，在弹出的关联工具栏中，单击【草图绘制】按钮，或单击【草图】工具栏中【草图绘制】，以上视基准面为基准面进入草图编辑状，如图 2-29b 所示。

步骤 2 开始绘制草图。单击【草图】/【中心矩形】 ，以原点为中心，绘制矩形及两个圆，绘制时输入所需尺寸，如图 2-29c 所示，单击【确认】按钮退出草图。

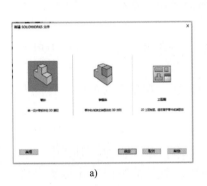
a)

b)

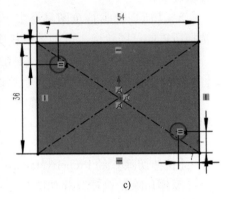
c)

图 2-29 绘制草图

步骤 3 拉伸草图。单击【特征】标题栏下的【拉伸凸台/基体】，在左侧的 Property-Manager 属性框中，选定拉伸的方向，深度给定 10mm，单击【确认】按钮 ，如图 2-30 所示。

a)

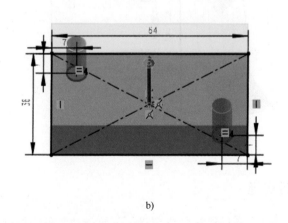
b)

图 2-30 草图拉伸

步骤 4 拉伸切除。首先在零件上表面绘制草图，在零件上表面绘制两个与 ϕ5.5mm 同心的 ϕ12mm 的圆，如图 2-31a 所示，单击【特征】标题栏下的【拉伸切除】，在左侧的 PropertyManager 属性框中，选定拉伸的方向，深度给定 3.65mm，如图 2-31b 所示，单击

【确认】按钮 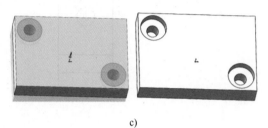，拉伸后如图 2-31c 所示。

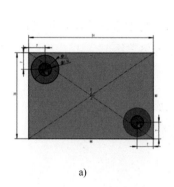

图 2-31　拉伸切除

步骤 5　完成倒角。单击【特征】标题栏下的【圆角】/【倒角】，在左侧的 PropertyMan-ager 属性框中，选择倒角类型、选择倒角的边、输入倒角参数，如图 2-32a 所示，预览如图 2-32b 所示，单击【确认】按钮 ，零件建模如图 2-32 所示。

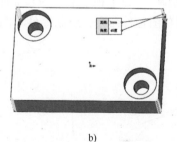
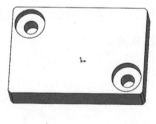

图 2-32　倒角特征

拓展任务

完成机器人夹爪手指垫片零件的建模。

根据图 2-33 零件所示任务要求，夹爪手指垫片零件建模操作步骤如下：

视频 2-5

步骤 1　新建零件文件。新建 SOLIDWORKS 文件中选择【零件】选项，单击【确认】按钮 ，进入零件建模环境。

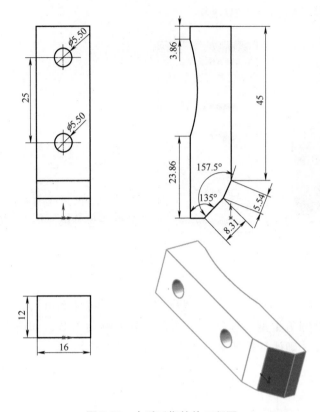

图 2-33　夹爪手指垫片工程图

在设计树里面选择【上视基准面】，在弹出的关联工具栏中，单击【草图绘制】按钮，或单击【草图】工具栏中【草图绘制】，以上视基准面为基准面进入草图编辑状态。

步骤 2　开始绘制草图。利用草图各种命令，绘制零件草图，如图 2-34 所示，单击按钮⤶退出草图。

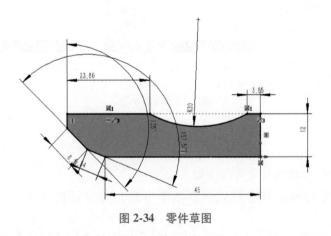

图 2-34　零件草图

步骤 3　拉伸草图。单击【特征】/【拉伸凸台/基体】，在左侧的 PropertyManager 属性框中，选定拉伸的方向，深度给定 16mm，单击【确认】按钮✔，如图 2-35 所示。

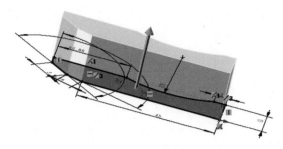

图 2-35　草图拉伸

步骤 4　拉伸切除。在如图 2-36a 所示平面上绘制草图，完成两个圆的绘制。单击【特征】/【拉伸切除】，在左侧的 PropertyManager 属性框中，选定拉伸的方向，完全贯穿，拉伸后如图 2-36b 所示。

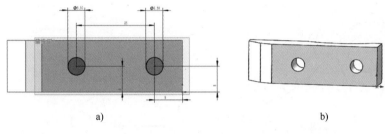

a)

b)

图 2-36　拉伸切除

步骤 5　拉伸切除。在如图 2-37a 所示平面上绘制草图，完成两个 $\phi10$mm 圆的绘制。单击【特征】/【拉伸切除】，在左侧的 PropertyManager 属性框中，选定拉伸类型、方向和拉伸深度，如图 2-37b，拉伸后如图 2-37c 所示。

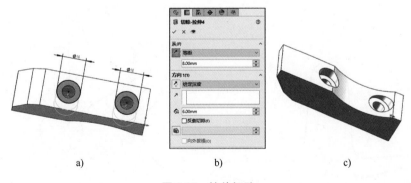

a)

b)

c)

图 2-37　拉伸切除

💡 **任务训练**

练习 2-1　草图绘制

分别绘制如图 2-38 所示的各草图，要求正确给出尺寸关系、几何关系，草图完全定义。

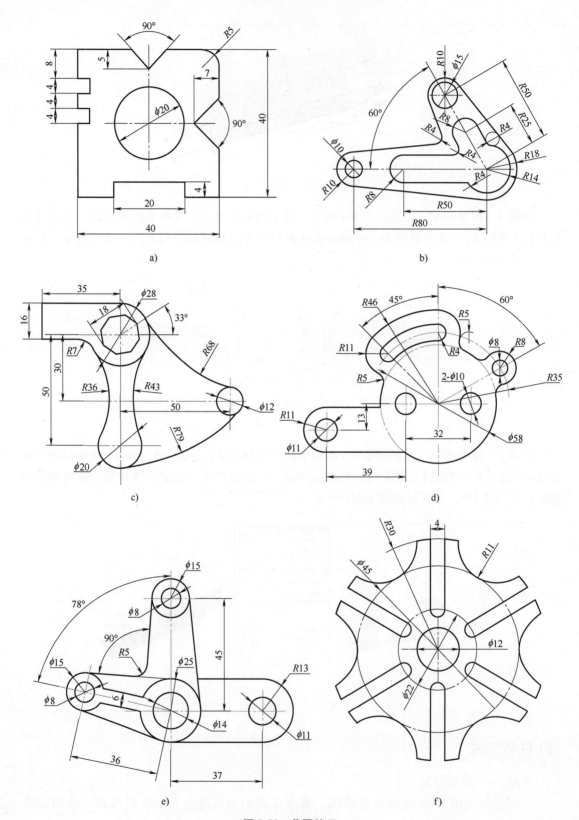

图 2-38 草图练习

练习 2-2　零件建模

根据图 2-39 所示各零件的信息和尺寸，绘制草图，完成图 2-39～图 2-41 实体零件的创建。

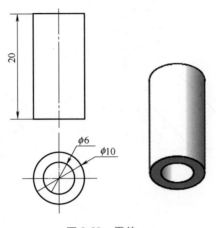

图 2-39　零件一

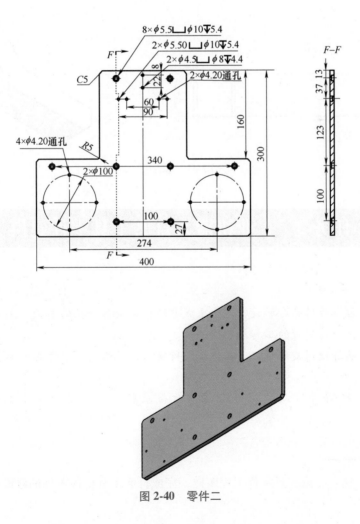

图 2-40　零件二

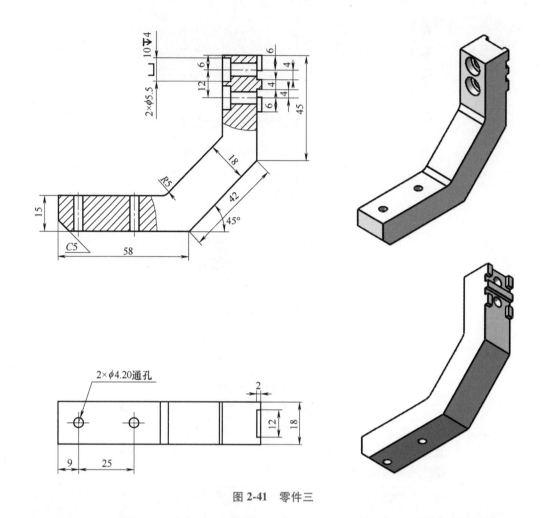

图 2-41 零件三

任务 2 工业机器人打磨工具零件建模

学习目标

知识目标：理解旋转凸台和旋转切除生成原理；掌握各种孔的参数、生成的步骤；进一步理解三维软件是设计建模的工具与表达手段。

技能目标：熟练使用旋转特征、孔特征进行建模；掌握案例零件的建模步骤、合理表达其设计意图。

素质目标：理解并实践"执着专注、精益求精、一丝不苟、追求卓越"的工匠精神。

任务要求

根据图 2-42 所示打磨工具零件工程图样，完成打磨工具枪体零件的建模。

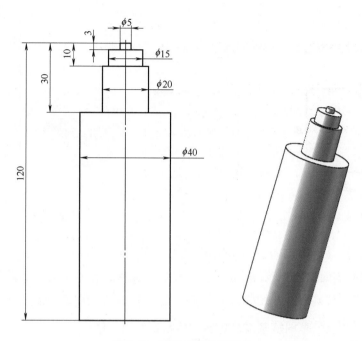

图 2-42　打磨工具枪体零件

任务分析

图 2-42 所示的模型，主要涉及的草图绘制和特征有：草图绘制、旋转凸台/基体特征等。

建模过程包括：创建新零件文件、选择基准面、绘制草图、草图几何关系、草图状态、绘制几何体、旋转凸台、旋转切除和创建异型孔等。

一、旋转特征

旋转是指绕一个或多个草图轮廓中心线旋转来添加或移除材料，生成实体薄壁特征或曲面。主要用于盘类、环类、轴类等回转类零件的建模。旋转工具包括【旋转凸台/基体】、【旋转切除】、【旋转曲面】。

视频 2-6

1. 旋转凸台/基体

如图 2-43 所示，首先选择合适的草图基准面。这里选择上视基准面，绘制长 28mm，宽 20mm 的长方形，绘制成完全定义的草图。草图应为旋转体截面形状的 1/2。单击【特征】/【旋转凸台/基体】，或者单击【插入】/【凸台/基体】/【旋转】命令，在左侧旋转 PropertyManager 属性框中，选择设定旋转参数。如图 2-44a 所示，完成一个圆柱体的建模。在【旋转凸台/基体】的属性框中，主要包括五组参数，部分参数具有二级选项，如图 2-44b 所示。各选项介绍如下：

（1）【旋转轴】　选择某一特征旋转所绕的轴，旋转轴可以是中心线、直线或一条边线。草图中只有一条中心线，系统会自动以该中心线为旋转轴，否则，需要选择旋转轴。

图 2-43　绘制草图

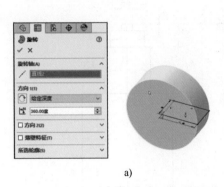

a)　　　　　　　　　　　　　　　b)

图 2-44　草图拉伸

（2）【方向1】【旋转方向】单击按钮 可改变旋转的起始方向。【旋转方向】的二级选项，相对草图基准面设定旋转特征的终止条件，并输入旋转的角度。二级选项如下：

1）给定深度。从基准面开始旋转，旋转角度在方向1角度 中设定。

2）成形到一顶点。草图从基准面旋转到所指定的顶点 。

3）成形到一面。草图从基准面旋转到在面/基准面 中所指定曲面。

4）到离指定面指定距离。草图从基准面旋转到在面/基准面 中所指定曲面的指定等距。在等距距离 中设置等距。要向相反方向偏移，选择反向等距。

5）两侧对称。草图从基准面同时向两侧对称旋给定的角度 。

合并结果（仅限于凸台/基体旋转）将旋转产生的实体合并到现有实体。默认为选中，如果取消选中，将生成一个新的实体。

（3）【方向2】　定义草图另一方向旋转的参数。选项和【方向1】中的选项相同。

（4）【薄壁特征】　旋转特征默认生成的是草图封闭区域旋转而来的填充实体。而【薄壁特征】可以形成中空的旋转特征，【方向1厚度】用来设定薄壁体积厚度，【单向】、【两侧对称】和【双向】用来控制旋转的壁厚添加的方向。

（5）【所选轮廓】　使用多轮廓生成旋转时，在图形区域中选择轮廓来生成旋转。轮廓草图必须是2D草图，而且是封闭草图。轮廓不能与中心线交叉，轮廓草图可以包含多个相交轮廓。

2. 旋转切除

【旋转切除】 生成的是草图封闭区域旋转而切除材料后生成的实体。其选项与【旋转凸台/基体】基本相同，如图2-45所示。

选择【上视基准面】，快捷菜单中选择【草图绘制】，重命名为旋转切除草图，草图参数为长12mm，宽20mm的长方形草图，单击【特征】/【旋转切除】，在左侧弹出的属性对话框里面，选择设定参数，如图2-46所示。

图 2-45　旋转凸台

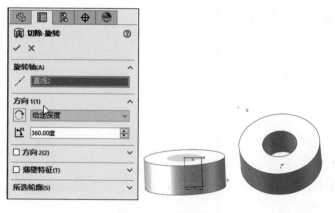

图 2-46　旋转切除

二、孔特征

视频 2-7

零件建模中，一般在设计阶段将要结束时生成孔。孔是最重要的一种特征，孔可以通过拉伸切除、旋转切除等功能来生成，但孔的种类较多，尺寸较为复杂，基本建模功能生成过程效率不高。SOLIDWORKS 提供了多种孔生成工具，包括【异型孔向导】、【高级孔】、【螺纹线】等（见图 2-47），选择对应的孔工具可以很容易生成所需的各类孔，例如柱形沉头孔、锥形沉头孔、螺纹孔等，属性框中同时包括多项参数的选择和确定，如图 2-48 所示。

图 2-47　特征孔工具栏

1. 简单直孔

用孔工具创建简单圆柱孔时，单击【插入】/【特征 】/【简单直孔】。首先选择孔位置参考平面，之后出现左侧 PropertyManager 属性框。选定各相关参数，即可完成简单直孔的建模，如图 2-49 所示。

在上例零件上创建两个简单直孔。单击【简单直孔】后，弹出为孔中心选择平面位置提示，如图 2-49a 所示。鼠标点选零件上表面，界面左侧弹出属性对话框，绘图区孔的预览会跟随光标，单击大致选择好孔的位置，如图 2-49b 所示。在属性对话框中分别选择【从】：草图基准面，【方向 1】：完全贯穿、直径 3.30mm，如图 2-49c 所示，之后单击【确认】按钮。在左侧设计树中，选择孔 1 的草图，选择【编辑草图】，如图 2-50a 所示，选择孔 1 中心点，在属性对话框中填入 x 为 −18.00mm，y 为 15.00mm 的值，如图 2-50b 所示。同理在同一个平面生成第二个简单直孔，位置为 x 为 18.00mm，y 为 15.00mm，绘制完成后如图 2-50c 所示。

图 2-48　孔属性对话框

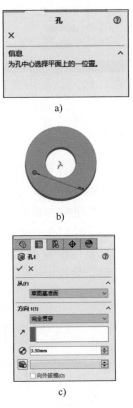

图 2-49　简单直孔的生成

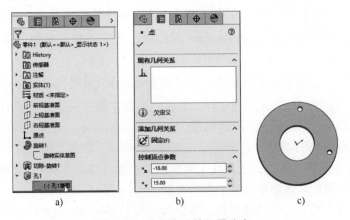

图 2-50　简单直孔的位置确定

简单直孔属性对话框中选项介绍如下:

（1）【从】　为简单直孔特征设定开始条件。包括草图基准面、曲面/面/基准面、顶点和偏移四个二级选项，详细含义可以参考 SOLIDWORKS 的帮助：零件和特征>特征>孔>简单直孔 PropertyManager。

（2）【方向 1】　设定终止条件。设定孔的拉伸方向 ↗，孔的深度以及直径等参数。单击【确认】按钮 ✔ 生成简单直孔。

修改孔特征时，可以在模型或 FeatureManager 设计树中，右键单击孔特征，然后选择编辑特征，在 PropertyManager 中进行更改，然后单击 ✔，退出草图或单击重建模型 ●。

2. 异型孔向导

使用【异型孔向导】可以生成各种类型复杂轮廓的孔或自定义孔，如柱孔、螺纹孔、锥孔等。

使用【异型孔向导】的步骤一般为：单击【特征】/【异型孔向导】 ▣ 或插入>特征>异型孔>向导，完成 PropertyManager 选项中对应的参数设置。属性管理器有两个标签：类型和位置标签，分别设定孔类型参数和位置。孔类型提供了 9 种常用孔类型的选择，包括：柱形沉头孔、锥形沉头孔、孔、直螺纹孔、锥形螺纹孔、旧制孔、柱形沉头孔槽口、锥形沉头孔槽口、槽口。在上例图中，相同平面基准，完成 2 个柱形沉头孔的建模。

首先，在平面上绘制出两个孔的具体中心孔的位置。单击选中柱形沉头孔参考面，在弹出的菜单中选中【草图绘制】，选择【草图】/【点】，在平面上绘制出两个点，【智能尺寸】标注出孔的定位尺寸，如图 2-51a 所示。完成定位后，进行孔的建模，单击【特征】/【异型孔向导】，在类型标签中，【孔类型】中选择第一项柱形沉头孔，如图 2-51b 所示，其他参数值参考图 2-51c。在【孔位置】标签中，如图 2-51d 所示，选择柱形沉头孔，所在的位置如图 2-51e 所示，单击【确认】按钮 ✔，完成 2 个柱形沉头孔的建模，如图 2-51f 所示。

【异型孔向导】属性对话框中选项介绍如下：

（1）【收藏】　收藏管理常用孔样式，选择下拉列表的方式快速调用常用孔及对应的各项参数设置，可提高设计效率。

（2）【孔类型】　用于选择孔类型，并对应不同的选项参数。部分选项参数说明如下：

【标准】　选定孔的标准，如 ISO、ANSIMETRIC、JIS 等。

【类型】　选定钻孔大小、螺纹钻孔、暗销直孔或螺钉间隙。

【大小】　选定扣件大小。

【配合】　选定扣件的配合，包括紧密、正常和松弛 3 种。

【终止条件】　选择孔的终止条件，包括给定深度、完全贯穿、成形到下一面、成形到一顶点、成形到一面、到离指定面指定的距离。

【选项】　其中包括如下选项：

【螺钉间隙】　设定螺钉间隙值，将文档单位使用的值添加到扣件头之上。

【近端锥孔】　用于设置近端口的直径和角度。

【螺钉下锥孔】　用于设置端口底端的直径和角度。

【远端锥孔】　用于设置远端处的直径和角度。

a)

b) c)

d) e) f)

图 2-51 异型孔

【公差/精度】 选定公差和精度。公差值将自动关联工程图中的孔标注。

（3）【孔位置】标签 在指定平面找出异型孔向导孔，使用尺寸、草图工具、草图捕捉和推理线来定位孔中心。

3. 高级孔

高级孔是指复杂的多重工艺复合孔，例如两端是沉头孔，中间是直孔的复合孔，可以用多次拉伸来创建，但使用【高级孔】工具通过近端面和远端面中定义高级孔，可以快捷创建这种复合孔。【高级孔】工具参数的选定与【异型孔向导】类似。单击【特征】/【高级孔】，单击【插入】/【特征】/【高级孔】，打开其 PropertyManager，如图 2-52 所示。在属性管理器【类型】选项卡除了出现需要指定的选项外，在右侧还弹出一个孔元素图表窗口，弹出窗口中的默认元素类型为近端、柱形沉头孔。【近端面和远端面】选定孔的参考面或依附面，即确定孔所处的起始面。【远端】是定义孔的另一侧的依附面，选项默认未勾选。

在半径为 28mm，高为 36mm 的圆柱体零件上，创建一个两端是沉头孔，中间是直孔的复合孔。

单击【特征】/【高级孔】，单击【插入】/【特征】/【高级孔】，在左侧属性管理器【类型】选项卡中的【近端面和远端面】下，选择上端面，如图 2-52a 所示；绘图区显示孔的预览，如图 2-52b 所示；近端窗口选择孔的类型，这里选择近端柱形沉头孔，如图 2-52c 所示；属性管理器里设置其他参数，选定元素标准、类型、大小、自定义大小，如图 2-52d 所示。勾选【远端】，选择下表面为远端面，如图 2-52e 所示，在右侧弹出远端窗口，单击下三角图标，选择孔的类型为远端柱形沉头孔，在属性框中，设定其参数，如图 2-52f 所示。

在近端弹出的窗口中，单击【在活动元素下方插入元素】创建复合孔中间部分并设定其参数，如图 2-52g 所示。选中孔的类型为直孔，在元素规格中，选定其他参数，如图 2-52h 所示。

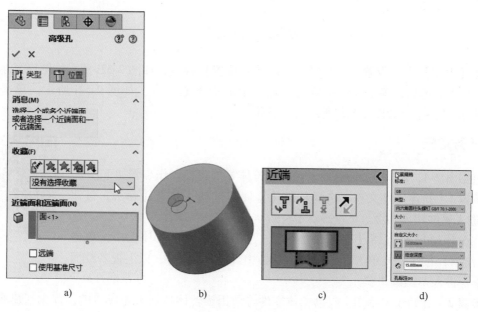

a)　　　　　　　　b)　　　　　　　　c)　　　　　　　　d)

图 2-52　高级孔

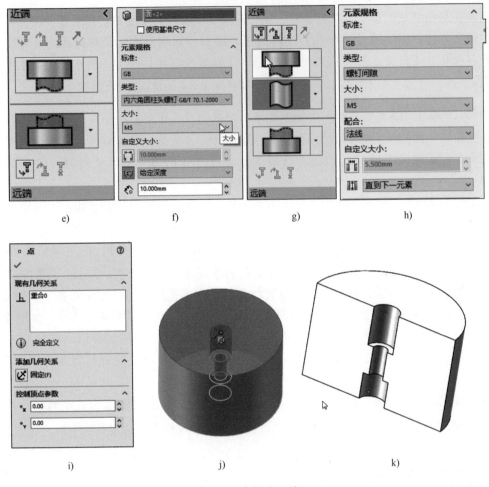

e)　　　　　　　f)　　　　　　　g)　　　　　　　h)

i)　　　　　　　　　　　j)　　　　　　　　　　　k)

图 2-52　高级孔（续）

孔【类型】参数设置完成之后，单击【孔位置】标签，如图 2-52i 所示绘图区显示孔的
预览，按 Esc 键后，确定孔的位置与圆柱体上表面圆心重合，如图 2-52j 所示。单击【确
认】按钮 ✔，生成如图 2-52k 所示的高级孔。

任务实施

根据图 2-42 零件所示任务要求，打磨枪体零件建模操作步骤如下：

步骤 1　新建零件文件。选择新建【零件】选项，单击【确认】按钮
✔，进入零件建模环境。

视频 2-8

在设计树里面选择【上视基准面】，在弹出的关联工具栏中，单击
【草图绘制】按钮，或单击【草图】工具栏中【草图绘制】，以上视基准面
为基准面进入草图编辑状。

步骤 2　开始绘制草图。打磨枪体零件将采用旋转体特征来完成建模，首先创建截面形
状的 1/2，利用草图命令，完成如图 2-53 所示草图的绘制。

步骤 3　旋转特征。旋转【特征】/【旋转】，在左侧的 PropertyManager 属性框中，选择旋转轴及旋转方向，如图 2-54 所示，完成旋转特征创建，零件建模完成，如图 2-55、图 2-56 所示。

图 2-53　绘制草图

图 2-54　旋转特征参数

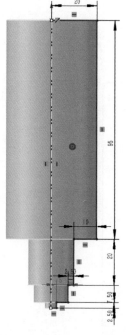

图 2-55　旋转特征预览

图 2-56　打磨枪体模型

视频 2-9

拓展任务

完成图 2-57 所示工具支架零件的建模。

图 2-57 零件所示任务要求，夹爪手指垫片零件建模操作步骤如下：

步骤 1　新建零件文件。进入零件建模环境。

步骤 2　在设计树里面选择【上视基准面】，以上视基准面为基准面进入草图编辑状态。

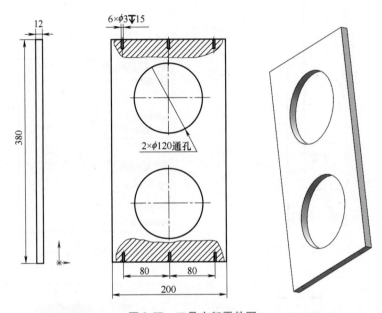

图 2-57　工具支架零件图

步骤 3　绘制草图。草图及尺寸如图 2-58 所示。

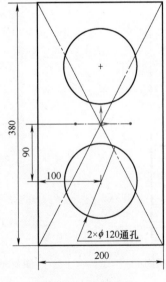

图 2-58　绘制草图

步骤 4　拉伸草图。拉伸深度为 12mm，参数如图 2-59 所示。

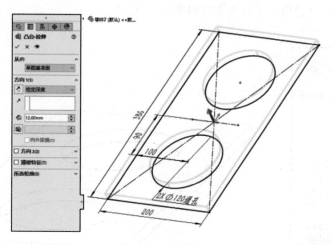

图 2-59　拉伸特征

步骤 5　设置孔特征。打开异型孔向导，设置孔的参数，如图 2-60 所示。

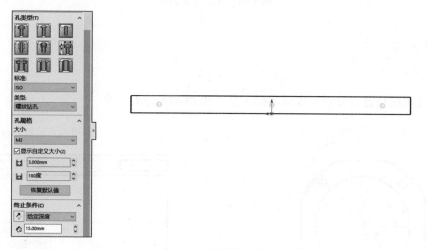

图 2-60　孔参数设置

在孔位置标签，设置端面 3 个孔的位置，完成孔位置设置，如图 2-61 所示。

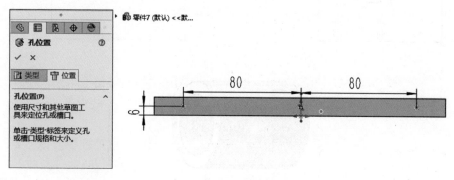

图 2-61　孔位置设置

步骤6 同理，在支架另一端面上，设置另外 3 个孔，方法与上面设置相同。

步骤7 完成零件建模，工具支架零件如图 2-62 所示。

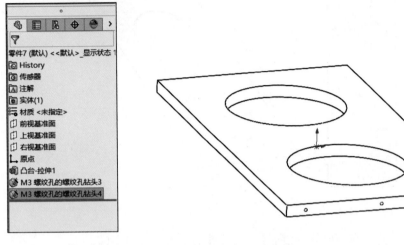

图 2-62 工具支架零件

任务训练

练习 2-3

根据提供的信息，分别完成图 2-63~图 2-66 所示零件的建模。

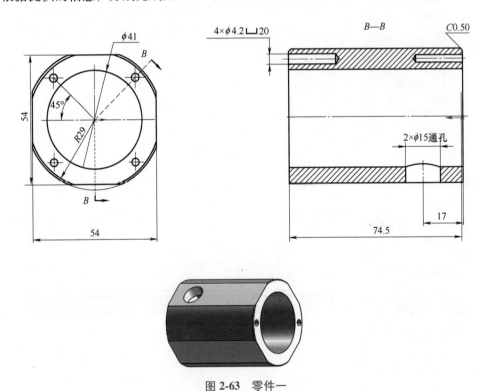

图 2-63 零件一

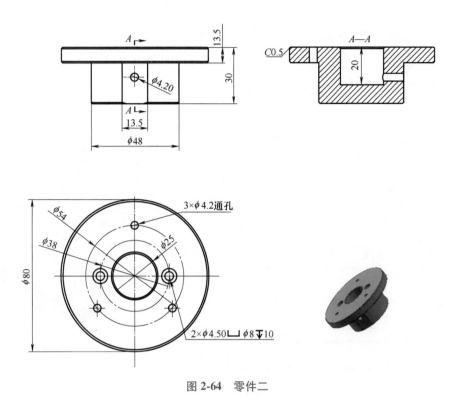

图 2-64　零件二

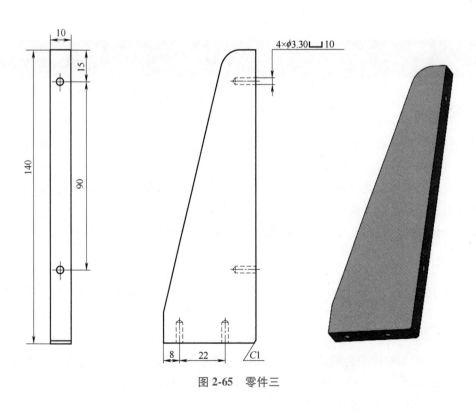

图 2-65　零件三

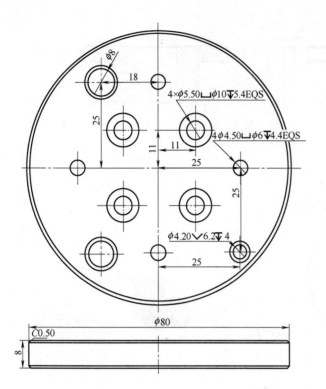

图 2-66 零件四

任务 3　工作站工具支架建模

学习目标

知识目标：理解转换实体引用、圆角特征等生成原理；掌握自动过渡、参考几何体、转换实体引用、圆角特征的操作方法。

技能目标：熟练使用自动过渡、参考几何体、转换实体引用、圆角特征；掌握案例零件的建模步骤，合理表达其设计意图。

素质目标：树立专注认真的设计态度；理解并实践一丝不苟、精工细作的劳动精神。

任务要求

根据图 2-67 所示工程图样，完成工具支架上支撑板零件的设计。

任务分析

以图 2-67 所示的模型为例，进一步认知 SOLIDWORKS 建模的基本过程。工具支架上支撑板零件主要涉及草图直线、圆和圆弧的绘制、自动过渡的技巧、参考几何体的建立及使用、转换实体引用、圆角特征的建立。

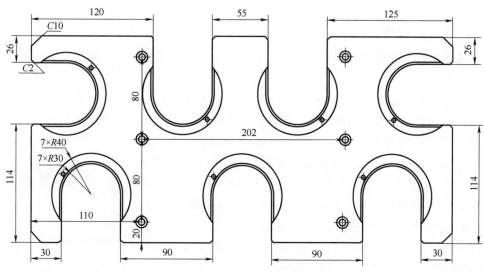

图 2-67　工具支架上支撑板零件图

一、自动过渡

无须选择圆弧工具，从绘制直线过渡到绘制圆弧的功能，就是自动过渡。反之，在圆弧和直线之间也可以实现自动过渡。

视频 2-10

单击直线 <img> 命令，绘制直线，单击确定直线的起点和终点，然后将指针移开终点，此时绘图区预览显示另一条直线，如图 2-68a 所示；将指针再移回到终点，再移开，即可预览显示一段圆弧，如图 2-68b 所示；单击放置圆弧，将指针从圆弧端点移开，绘图区预览显示直线，绘制直线，如图 2-68c 所示；或者按上面的步骤更改到绘制圆弧，如图 2-68d 所示。按键盘 A 键，快捷实现在直线和圆弧之间切换而不用鼠标回终点。

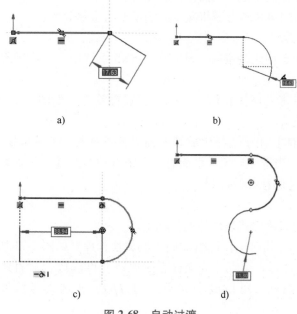

图 2-68　自动过渡

二、参考几何体

【参考几何体】是在建模过程中定义的参考对象，包括基准面、基准轴、坐标系和点。

1. 基准面

【基准面】命令用于创建基准面。建模中，2D 草图都是基于基准面创建的。SOLID-WORKS 系统中有 3 个默认的基准面，同时在零件和装配体中还可以根据需要创建新的基准面，在绘制草图、生成剖面视图、拔模、镜向等操作都可能用到新的基准面。

单击【特征】/【参考几何体】/【基准面】，其属性管理器如图 2-69 所示，系统提供 3 个参考项，均用于选择参考对象，系统会根据所选择对象的不同，自动匹配相应的基准面创建功能，根据所选对象的不同将出现不同的下级选项。

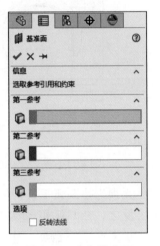

图 2-69　定义基准面

【第一参考】若第一参考选择的对象是面，新建基准面与所选基准面的关系，系统将自动列出所有关联项，包括：平行、垂直、重合、两面之间夹角、两面之间距离，两侧对称、相切、翻转法线等；若选择的对象是点，则系统将自动列出关联项包括重合、投影、生成平行于屏幕的基准面；若选择的对象是线，则系统将自动列出关联项包括重合、参考。

需要选择多个参考才能构建的基准面，则需要选择【第二参考】甚至【第三参考】选项，例如通过 3 个点来建立基准面，就需要选择 3 个参考。

更合理地创建基准面，通常可遵循以下原则：

1）优先选用系统默认的 3 个基准面作为参考对象。

2）优先选用当前现有特征平面作为参考对象。

3）优先选用修改较少的特征平面作为参考对象。

4）减少基准面间的串联参考，将减少影响模型的重建效率。

2. 基准轴

【基准轴】命令用于创建基准轴。SOLIDWORKS 系统中，基准轴经常用作建模的参考，如旋转的轴线、阵列方向等。

单击【特征】/【参考几何体】/【基准轴】，其属性管理器如图 2-70 所示，系统提供 5 种基准轴的创建方法。

【选择】【参考实体】用于选择生成基准轴的参考对象，系统根据所选对象自动匹配合适的创建方法。例如，当选择对象为平面时，系统自动匹配【两平面】；当选择对象为圆柱面时，系统自动匹配【圆柱/圆锥面】。

3. 坐标系

【坐标系】用于定义零件或装配体的坐标系。

单击【特征】/【参考几何体】/【坐标系】，其属性管理器如图 2-71 所示。

在【选择】中，选择一个点作为坐标系的原点，再选择合适直线方向的 X、Y、Z 三轴的方向，单击反转图标，可以改变参考线的方向，所选参考线要互相垂直，且至少两条。

图 2-70　定义基准轴　　　　　　　　图 2-71　定义坐标系

4. 点

【点】用于创建点。

单击【特征】/【参考几何体】/【点】，其属性管理器系统提供 6 种点的创建方法。【参考实体】用于选择生成点的参考对象，系统根据所选对象自动匹配合适的创建方法。如选择一个平面，系统会自动匹配【面中心】点的创建方法，如图 2-72 所示。

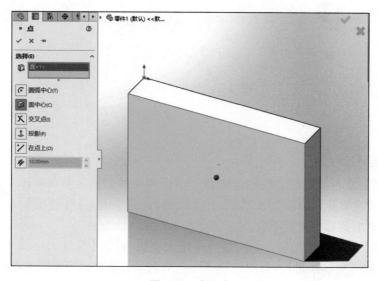

图 2-72　定义点

5. 质心

【质心】是用于生成零件或装配体的质量中心。质心可实时观察涉及模型质心位置的变化。

单击【特征】/【参考几何体】/【质心】，SOLIDWORKS 系统会在当前模型中显示其质心，用 ✥ 来标识，同时，在设计树中的"原点"下方增加一个"质心（COM）"节点。模型中，质心只能生成一次，删除后可再生成。

三、转换实体引用

视频 2-11

【转换实体引用】是通过投影的方式将已有模型或草图的边线、轮廓线、环面等投射到草图基准面上，从而在草图基准面上生成一条或多条曲线。使用该命令时，如果引用的实体发生改变，那么转换的草图实体也会发生相应的改变。

利用【转换实体引用】工具实现模型零件上环状边线在草图基准面上的投射。

如图 2-73a 所示，选择需要添加草图的基准面 1，单击【草图】/【草图绘制】按钮，进入草图绘制状态。单击【草图】/【转换实体引用】，弹出特征管理器，选取需要进行实体转换的边线，这里选择模型环上两个直槽口形状的各 4 条边线，如图 2-73b 所示，单击【确认】按钮 ✓，边线就投射到草图基准面上，此投射的边线有"在边线上"的几何约束关系。

退出草图绘制状态，转换实体引用前后的图形，如图 2-73c 所示。

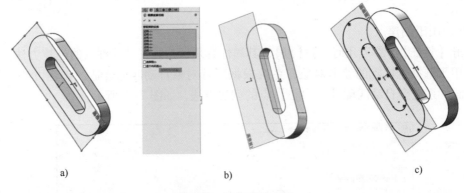

a)　　　　　　　　　　　b)　　　　　　　　　　　c)

图 2-73　转换实体引用

四、圆角

视频 2-12

（一）圆角

【圆角】是建立与指定的边线相连的两个曲面相切的曲面，实现实体曲面的圆滑过渡。单击"特征"工具栏 上【圆角】，或【插入】/【特征】/【圆角】，在属性管理器内设定参数。

【圆角类型】 共有 4 种类型，分别是【恒定大小圆角】、【变量大小圆角】、【面圆角】、【完整圆角】，如图 2-74 所示，每种圆角类型对应不同的参数设置项。

1. 恒定大小圆角

生成半径值恒定的圆角。

（1）【要圆角化的项目】 选项框高亮，在图中选择需要圆角处理的对象，可以是边线、面、特征和环。在子选项中，勾选【显示选择工具栏】选项，在选择圆角对象时，系统会自动关联相关算法，弹出关联工具栏，以快捷选择相关边线，勾选【切线延伸】选项，系统会自动选择连续的相切边线，如图 2-75 所示。

打开零件，在圆角生成左侧的属性管理器内，在【圆角类型】中选择恒定大小圆角选项，在【要圆角化的项目】中，单击选取零件上的边线 1，如图 2-76a 所示，勾选【显示选择工具栏】选项，选择其中第一项"连接到开始面"联想出 7 条边线，如图 2-76b 所示，这样就极大地提升了建模效率，圆角完成后，模型如图 2-76c 所示。

图 2-74 圆角属性管理器

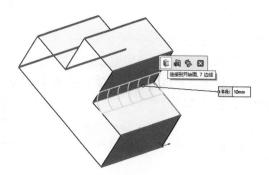

图 2-75 要圆角化的项目

a)

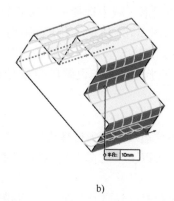

b)

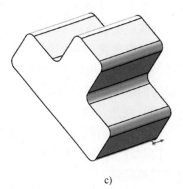

c)

图 2-76 圆角特征

（2）【圆角参数】 下拉框中有【对称】和【非对称】选项，【对称】是创建一个单一半径值定义的对称圆角。【非对称】是创建一个由两个半径值定义的非对称圆角。【轮廓】是定义圆角的横截面形状，其中的选项根据【对称】和【非对称】对应不同选项。

【对称】所对应的【轮廓】选项有【圆形】、【圆锥 RHO】、【圆锥半径】和【曲率连续】。【圆形】生成的圆角为圆弧形。【圆锥 RHO】生成的圆角为锥形，并可通过设置"ρ"进一步定义曲线，其值介于 0~1 之间。【圆锥半径】设置沿肩部点曲率半径的圆角。【曲率连续】生成曲率连续的圆角。

【非对称】需要设置两个半径和方向，其所对应的【轮廓】选项有【椭圆】、【圆锥 RHO】和【曲率连续】。

在圆角生成左侧的属性管理器内，在【圆角类型】中选择恒定大小圆角选项，在【要圆角化的项目】中，如图 2-77 所示，单击选取零件上的边线 1，【圆角参数】选择非对称，半径 1 填写 15.00mm，半径 2 填写 5.00mm，轮廓选择圆锥 Rho，ρ 值设置为 0.4，建模结果如图 2-77a 所示；若 ρ 值设置为 0.8，则建模结果如图 2-77b 所示。

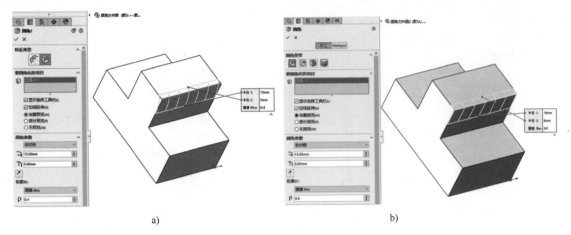

a)   b)

图 2-77　圆角参数

（3）【逆转参数】　当多个圆角汇于一点时，各混合曲面沿着零件边线按给定缩进的距离进入平滑的过渡。【逆转顶点】在图形区域中选择一个或多个顶点，系统会根据选定的边线自动匹配汇集点和缩进的距离，如图 2-78a 所示。【逆转距离】各边线的圆角从该距离开始混合平滑过渡到共同的顶点，图 2-78b 所示各项参数的设置为等半径圆角逆转的结果，图 2-78c 所示各项参数的设置为不等半径圆角，设置的半径分别为 5mm、10mm 和 15mm，其逆转的结果如图 2-78d 所示。

（4）圆角选项

【通过面选择】可以通过选择隐藏边线的面来选择边线。

【保留特征】当生成的圆角足够大以至于可覆盖其他特征时，选择被覆盖的特征是保留或者是被覆盖。

【圆形角】两相邻边线进行圆角化时，该选项可通过生成带圆形角的固定尺寸圆角实现平滑过渡，消除边线汇合处的尖锐接合点。

【扩展方式】用于选择当圆角生成过程中，圆角无法完整生成时的选项。选择包括以下选项：

【默认】选项系统自动按条件选择保持边线或保持曲面选项。

【保持边线】模型边线保持不变，而圆角由系统自动做出调整。

【保持曲面】圆角面为连续平滑，模型边线则相应更改以与圆角面匹配。

2. 变量大小圆角

生成半径变化的圆角。

【变半径参数】用于控制圆角的半径值，通过使用控制点来帮助定义圆角。

3. 面圆角

用来混合非相邻、非连续的面。

【圆角项目】在【面组 1】【面组 2】中选择要混合的第一个面和第二个面。

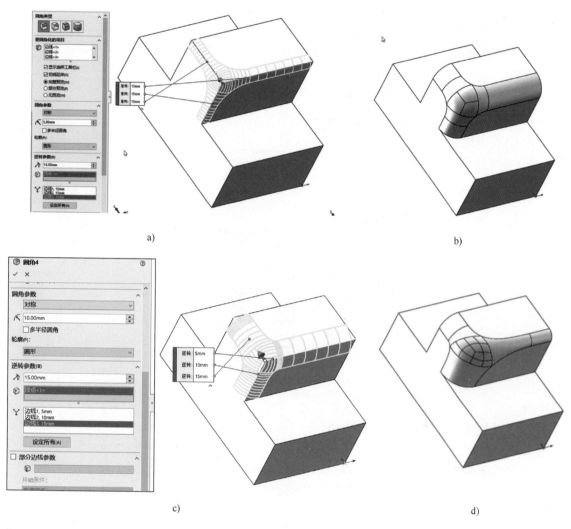

图 2-78　逆转参数

【切线延伸】将圆角延伸到所有与所选面相切的面。

【圆角参数-弦宽度】创建一个由弦宽度定义的圆角。

【圆角参数-包络控制线】选择零件上一边线或面上一投影分割线作为决定面圆角形状的边界。圆角的半径由控制线和要圆角化的边线之间的距离驱动。

4. 完整圆角

生成相切于三个相邻面组（一个或多个面相切）的圆角。

（二）倒角

【倒角】在所选边线、面或顶点上生成一倾斜的面特征。

单击"特征"工具栏上【圆角/倒角】，或【插入】/【特征】/【倒角】，在属性管理器内设定参数。

【倒角类型】共有 5 种类型，分别是【角度-距离】、【距离-距离】、【顶点】、【等距面】和【面-面】，如图 2-79 所示，每种倒角类型对应不同的选项。

1. 角度-距离

通过设置距离和角度的方式生成倒角，参数如图 2-79a 所示。

【要倒角化的项目】在图形区域选择要倒角的项目，即出现一个控标，指向测量距离所在的方向。

【倒角参数】设置倒角的距离和角度，如图 2-79b 所示。

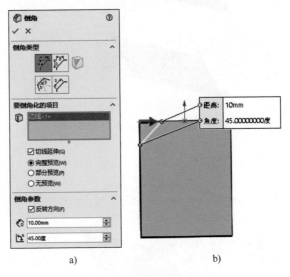

图 2-79　角度-距离设置倒角

勾选【反转方向】或改变反转方向。

2. 距离-距离

选择实体的边线或面，如图 2-80 所示。图 2-80a 中输入选定倒角边线上每一侧的距离的值，或选择对称以指定单个值如图 2-80b 所示，结果如图 2-80c 所示。

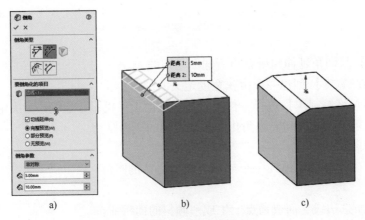

图 2-80　距离-距离设置倒角

3. 顶点

顶点是选择三边相交的顶点，输入每侧的距离值，或单击相等距离并输入一个数值。

图 2-81a 为属性参数对话框，图 2-81b 为绘图区选取的情况，结果如图 2-81c 所示。

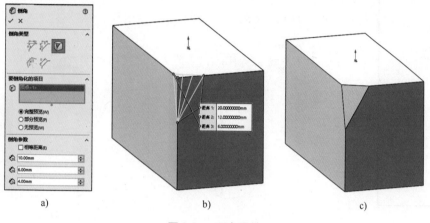

图 2-81　顶点属性

4. 等距面

通过偏移选定边线旁边的面来求解等距面倒角。通过计算等距面的交叉点，然后计算从该点到每个面的法向以创建倒角。等距面倒角可根据逐个边线更改方向，而且它们支持倒角化整个特征和曲面几何图形，属性管理器界面如 2-82a 所示。

勾选【部分边线参数】设置开始条件和终止条件，通过指定沿模型边线的长度为等距面倒角创建部分倒角。图 2-82 中，选择指定边线两个端点距离分别是 5.00mm 和 15.00mm，参数输入如图 2-82b 所示，绘图区预览如图 2-82c 所示，创建的部分倒角如图 2-82d 所示。

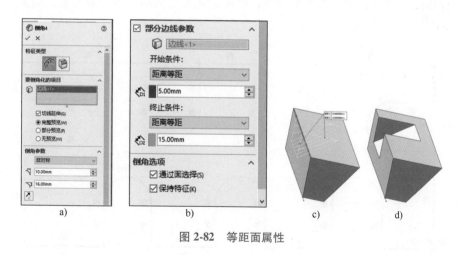

图 2-82　等距面属性

5. 面-面

用于设定混合非相邻、非连续的面间的倒角。属性管理器如图 2-83a 所示。

【要倒角化的项目】选择需倒角的两个面，所选 V 形槽的两个面没有相交，无法采用上述方法设定倒角，通过选择两个面，设定合适的尺寸，生成倒角，并将填充倒角与已知实体间的间隙部分，如图 2-83b 所示；倒角结果如图 2-83c 所示。

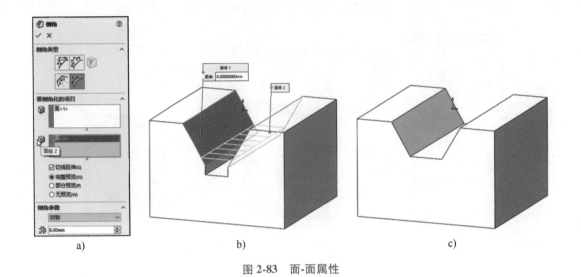

图 2-83　面-面属性

任务实施

根据图 2-67 所示零件任务要求，工具支架上支撑板零件主要建模操作
步骤如下：

视频 2-13

步骤 1　新建零件文件。进入零件建模环境。在左侧设计树中单击
【上视基准面】，在弹出的菜单中，单击【草图绘制】进入草图编辑状态。

步骤 2　绘制上撑板草图。利用直线过渡到圆弧的功能，绘制如图 2-84
所示的零件草图。注意：根据系统推理线，可确定元素之间的一些约束关系，例如直线的水
平或竖直状态。

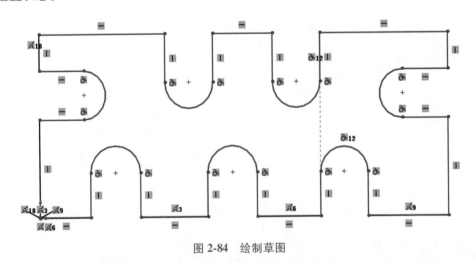

图 2-84　绘制草图

步骤 3　添加约束，标注尺寸。根据形状特性，添加相等几何约束，单击【草图】/【智
能尺寸】，添加如图 2-85 所示的几个主要尺寸，尺寸标注要规范。

步骤 4　拉伸凸台。单击【特征】/【拉伸凸台/基体】，按照图 2-86 所示方向拉伸 12mm。

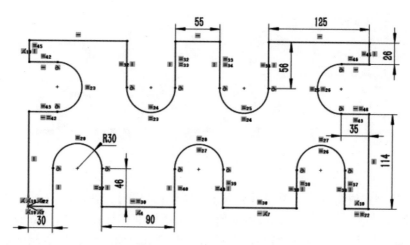

图 2-85 添加几何约束和尺寸

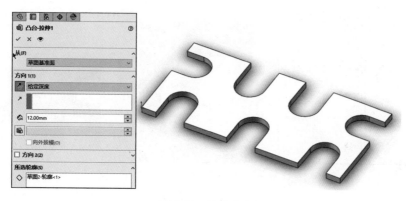

图 2-86 拉伸凸台

步骤 5 绘制工具放置面草图。如图 2-87 所示，单击旋转支撑板上表面，在弹出的菜单中，单击【草图绘制】，在图示位置分别绘制 7 个直径为 80mm 的圆。

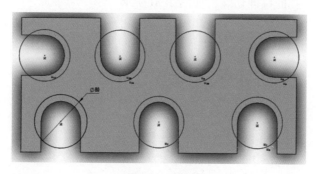

图 2-87 绘制草图

步骤 6 拉伸切除。单击【特征】/【切除拉伸】，按照图 2-88 所示方向切除拉伸 4mm。

图 2-88　拉伸切除

步骤 7　完成定位孔设计。单击【特征】/【异型孔向导】，弹出的特征管理器【类型】标签中，选择孔类型为【孔】，如图 2-89a 所示，选择标准和钻孔尺寸，孔的尺寸大小设置为直径为 4mm。在【孔位置】标签中，选择钻孔的位置。如图设置构造线的长度和角度，利用构造线的端点来确定孔的位置。

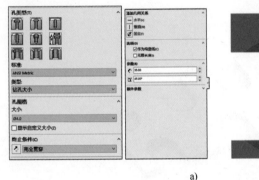

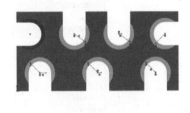

a)　　　　　　　　　　　　　　　　　　　　　　　　　　　　b)

图 2-89　单个孔特征

步骤 8　在所有工具放置区，将每个定位孔的位置确定，完成 7 个定位孔的设计，如图 2-89b 所示。

步骤 9　完成 7 个孔的拉伸切除，如图 2-90 所示。

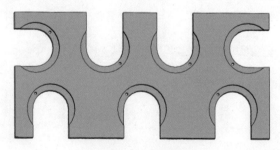

图 2-90　拉伸切除

步骤 10　完成安装孔设计。在上支撑板上，设计安装孔。单击【特征】/【异型孔向导】，在弹出的特征管理器【类型】标签中，选择孔类型为【孔】，如图 2-91 所示，选择标准和孔的类型，完成自定义孔的尺寸大小。在【孔位置】标签中，设置好钻孔的位置，完成 7 个安装孔的设计。

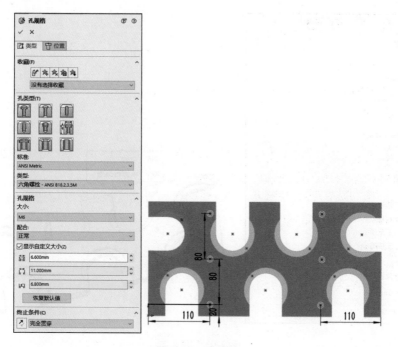

图 2-91　孔特征

步骤 11　完成倒角特征。单击【特征】/【圆角】/【倒角】，如图 2-92a、b 所示，弹出特征管理器，在【倒角类型】标签中，选择【角度距离】；在【要倒角化的项目】中，选择要倒角的边线；在【倒角参数】中设置距离和角度。

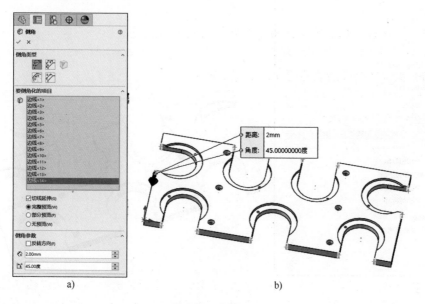

a)　　　　　　　　　　　　　　　b)

图 2-92　倒角一

利用相同的方法完成创建另外两组边线处的倒角二和倒角三，如图 2-93 和图 2-94 所示。

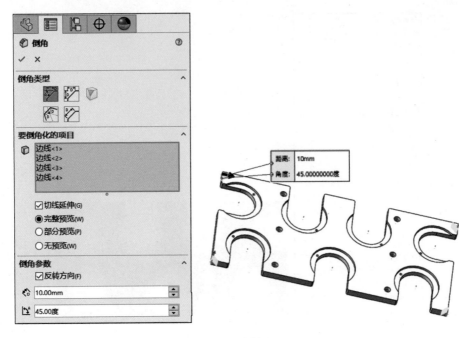

图 2-93　倒角二

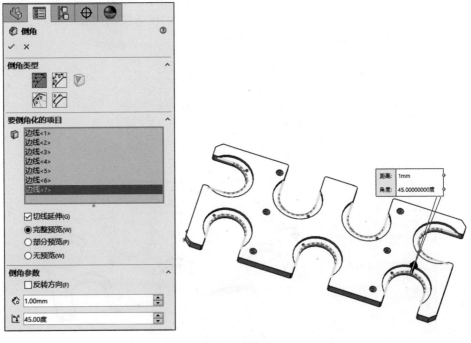

图 2-94　倒角三

步骤 12　完成工具支架上支撑板零件的建模，如图 2-95 所示。

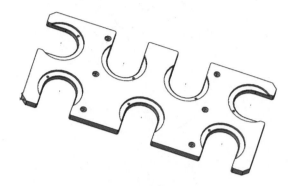

图 2-95　上支撑板零件模型

拓展任务

根据图 2-96 所示零件信息，完成打磨枪紧固件的建模。

根据图 2-96 所示零件信息，打磨枪紧固件零件建模操作步骤如下：

步骤 1　新建零件文件。进入零件建模环境。

视频 2-14

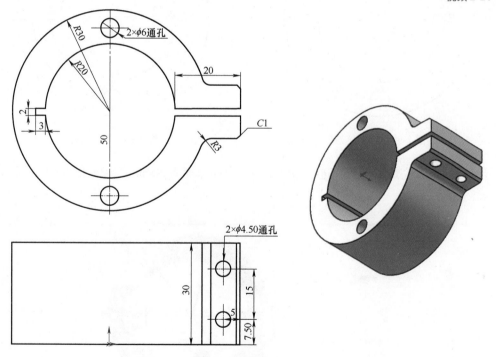

图 2-96　打磨枪紧固件

步骤 2　在设计树里面选择【上视基准面】，以上视基准面为基准面进入草图编辑状态。

步骤 3　绘制草图，草图尺寸如图 2-97 所示。

步骤 4　绘制两个矩形，短边为 2mm，长边如图 2-98 所示。

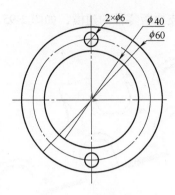

图 2-97　绘制草图

步骤 5　裁剪矩形，按图样标注尺寸，如图 2-99 所示。

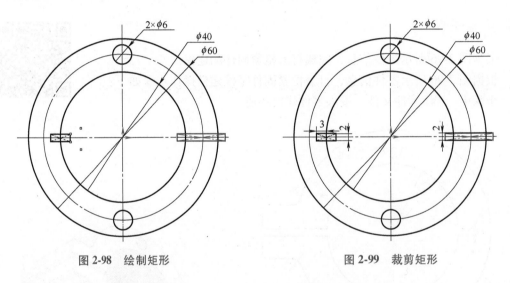

图 2-98　绘制矩形　　　　　　　　　　图 2-99　裁剪矩形

步骤 6　前面完成的草图，进行凸台拉伸，拉伸深度为 30mm，参数如图 2-100 所示。

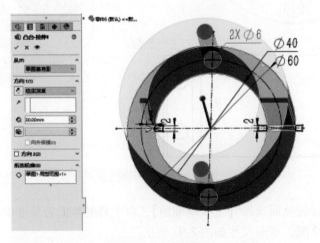

图 2-100　凸台拉伸

步骤 7　平行于右视基准面，距离 25mm，注意选择方向，新建参考基准面 1，如图 2-101 所示。

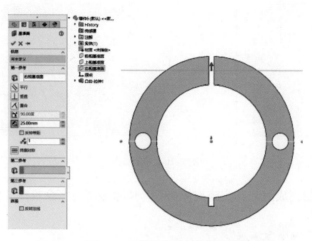

图 2-101　新建参考基准面 1

步骤 8　绘制草图，绘制 2 个长方形，尺寸为 7mm×30mm，位置及约束如图 2-102 所示。

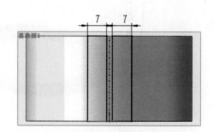

图 2-102　绘制长方形

步骤 9　选择长方形草图，指定方向拉伸凸台，拉伸深度为 15mm，如图 2-103 所示。

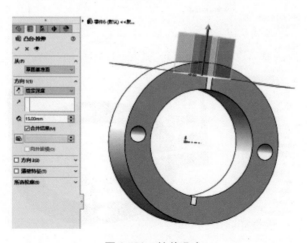

图 2-103　拉伸凸台

73

步骤 10 绘制草图，两个圆直径同为 4.5mm，圆的位置如图 2-104 所示。

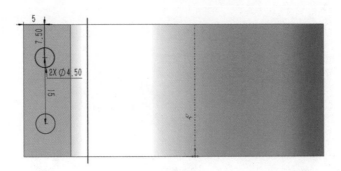

图 2-104 绘制圆

步骤 11 对绘制完成的圆，实施拉伸切除，切除深度为完全贯穿，如图 2-105 所示。

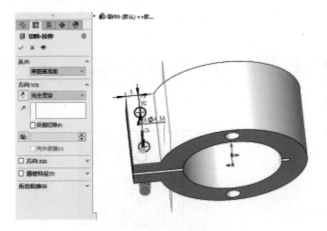

图 2-105 拉伸切除

步骤 12 对零件指定边线进行圆角特征操作，圆角半径设为 3mm，如图 2-106 所示。

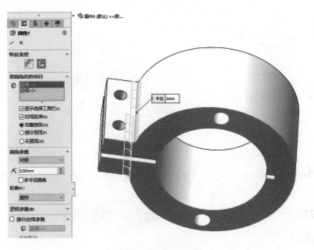

图 2-106 圆角特征

步骤 13　对零件指定边线进行倒角特征操作，倒角为 $C1$，如图 2-107 所示。

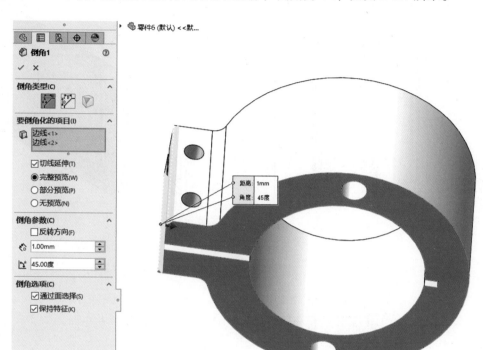

图 2-107　倒角特征

步骤 14　完成零件的建模，零件如图 2-108 所示。

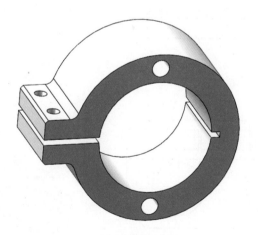

图 2-108　打磨枪紧固件模型

任务训练

练习 2-4

根据图 2-109、图 2-110 所示信息，分别完成相应零件的建模。

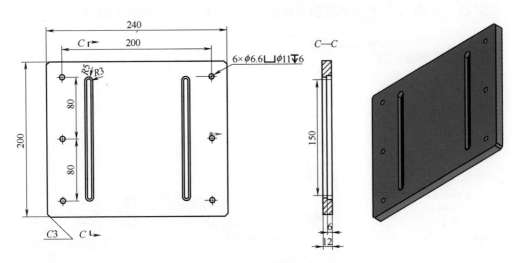

图 2-109　零件一

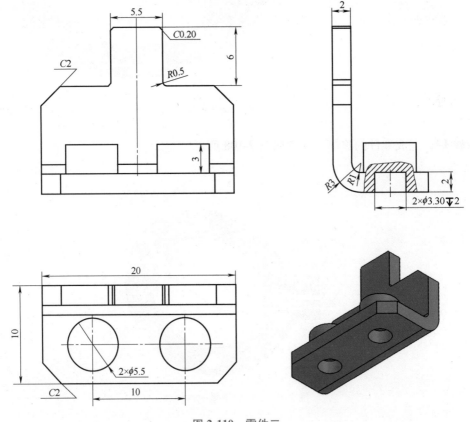

图 2-110　零件二

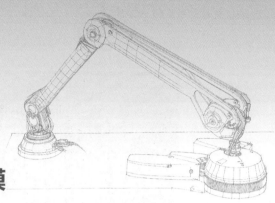

项目3

轮毂与立体仓库的建模

项目情境

工业机器人轮毂搬运打磨工作站是以工业机器人为集成核心设备，完成汽车轮毂搬运打磨任务的自动化工作站。其中，汽车轮毂是搬运打磨的对象。

轮毂零件是完成粗加工后的半成品铸造铝制零件。图 3-1 所示为汽车轮毂及结构示意图。

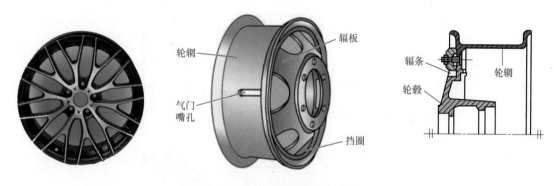

辐板

轮辋

气门嘴孔

挡圈

辐条

轮辋

轮毂

图 3-1 汽车轮毂及结构示意图

立体仓库是现代物流系统中的重要物流节点，一般是指采用几层、十几层乃至几十层高的货架储存单元货物，用相应的物料搬运设备进行货物入库和出库作业的仓库。由于这类仓库能充分利用空间储存货物，故常形象地将其称为"立体仓库"，在工业现场应用越来越普遍。图 3-2 所示为工业现场的立体仓库及简化后工业机器人轮毂搬运打磨工作站需要建模的立体仓库。利用立体仓库设备可实现仓库高层合理化、存取自动化、操作简便化，可极大节省人力和物力，提高生产效率。存储单元主要采用货架以托盘或者货箱存储货物。本项目以汽车轮毂和立体仓库为建模对象，利用三维建模技术完成汽车轮毂和立体仓库的建模任务。

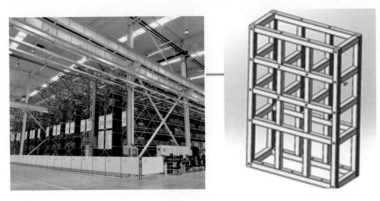

图 3-2　立体仓库及简化后仓储用架

学习导图

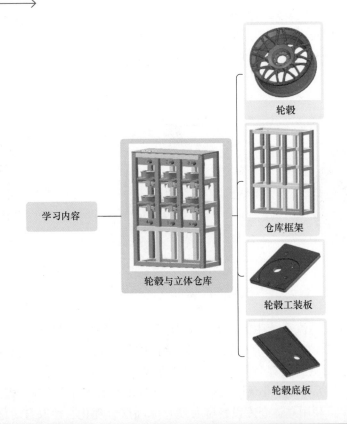

任务 1　轮毂的建模

学习目标

知识目标： 掌握阵列、面上绘制曲线、抽壳、筋、拔模的生成原理。

技能目标: 熟练掌握阵列特征、面上绘制曲线、抽壳、筋、拔模特征的基本操作和技巧。掌握案例零件的建模步骤,合理表达其设计意图。

素质目标: 在主动学习、规范操作的基础上进行创新创造,培养理论联系实际、实事求是的工作作风。

📰 **任务要求**

根据图 3-3 所示视图的表达,完成汽车轮毂零件的建模。

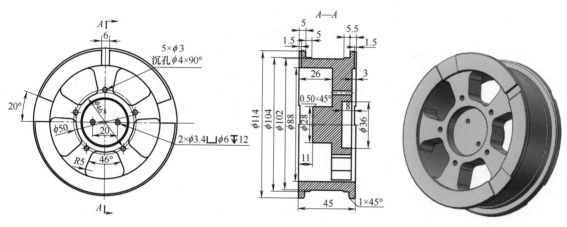

图 3-3　轮毂零件标准视图

📋 **任务分析**

图 3-3 所示轮毂零件,其构建过程重点在于旋转建模,主要过程包括:创建新零件文件、绘制草图、绘制几何体、确定草图几何关系、旋转草绘成实体、抽壳、创建基准面、切除、圆角、阵列、分体、组合和孔特征等。

视频 3-1

一、阵列

阵列是以一定规律的排列方式复制所选的阵列源,从而生成阵列实例,阵列源和阵列实例成为一个整体,阵列实例与阵列源会自动同步。阵列的类型有【线性阵列】、【圆周阵列】、【镜像阵列】、【曲线驱动的阵列】、【由表格驱动的阵列】、【由草图驱动的阵列】、【填充阵列】和【变量阵列】等。

1. 线性阵列

【线性阵列】是沿一条或两条直线路径来阵列生成一个或多个特征。如图 3-4 所示,利用【线性阵列】实现模型上指定特征的阵列。

完成一个板状零件(尺寸自拟)的拉伸后,完成一个孔特征。将这个孔作为阵列源来实现线性阵列。单击【特征】工具

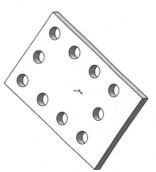

图 3-4　孔的线性阵列

79

栏中的【线性阵列】📱，或单击【插入】/【阵列】/【线性阵列】，各相关参数可以在特征管理器（见图 3-5）中进行设定。

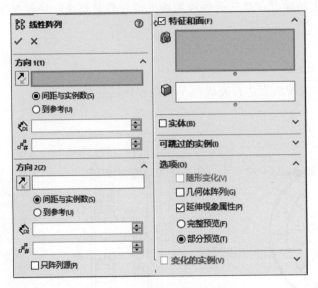

图 3-5　线性阵列的特征管理器

（1）【方向 1】　选中模型↗的线性边线 1，注意使用【反向】可调整阵列预期的方向，设定【间距与实例数】为 30mm 和 3，实例数包括源特征在内，【特征和面】选择图中切除拉伸生成的孔，具体参数选择如图 3-6 所示。阵列结果预览如图 3-7 所示。

图 3-6　线性特征参数设定

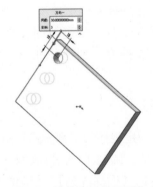

图 3-7　线性阵列结果预览

若要阵列另一个方向，参数选择如图 3-8 所示，设置【方向 2】，选择图中另外一条线性边 2 作为方向二；选中【到参考】；【到参考】需要选择一个垂直于阵列方向的点、线或者面作为参考对象，这里选择边线 3；【偏移距离】中填入的数据是以【到参考】中选择的参考对象为参考到最后一个线性排列的特征之间的距离，这里填写 60mm；【重心】确定偏移距离的值是相对于哪个参考对象，默认是参考源特征的中心位置。【所选参考】是需要指定参考对象来确定参考位置，该对象是源特征上的对象。线性阵列预览及结果如图 3-9、图 3-10 所示。若勾选方向 2 中的【只阵列源】，则阵列预览结果如图 3-11 所示。

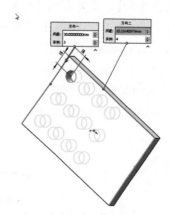

图 3-8　阵列选择另外一个方向　　　　　　　图 3-9　线性阵列预览

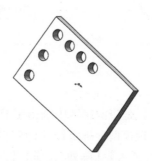

图 3-10　线性阵列结果　　　　　　　图 3-11　线性阵列只阵列源

（2）【实体】　当阵列对象是多实体零件中的单一实体时，需要选择该选项。若有需要跳过的实例，则在【可跳过的实例】的下拉列表中，选中需要跳过的实例，单击该选项，所有阵列对象均凸显红色圆点，单击选中不需要阵列对象的红色圆点，对象被添加到列表中。最后单击【确认】按钮 ✔，阵列结果如图 3-12 所示。

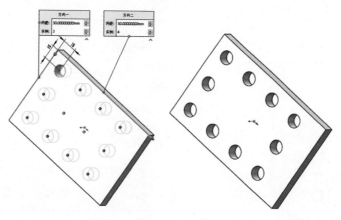

图 3-12　线性阵列可跳过的实例

（3）【变化的实例】 用来设置阵列对象的尺寸和间距能按一定规律进行变化。例如，勾选【变化的实例】，在【方向2增量】中尺寸间距增量中填入15mm，在【选择方向2中要变化的特征尺寸】中，在图中选择圆的直径，并在表格中增量栏中填入2mm，结果如图3-13所示，选择确定后，在图3-13中可看到阵列的圆在尺寸和间距上都按照规律逐步增加。若需要对某个对象（右上角对象）进行单独设置，则可单击该对象的红点，选择【修改实例】，在弹出的菜单中，进行进一步修改，例如修改方向2的间距为95mm，如图3-14所示，确定后，结果如图3-15所示。

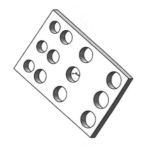

子体（1，4）输入覆盖项

单击值字段以输入：	值
⊘D3@草图2 (15.00mm) **:	21.00mm
方向1间距 (30.00mm)：	0.00mm
方向2间距 (20.00mm) **:	95.00mm

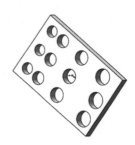

图3-13 线性阵列变化的实例　　　　图3-14 线性阵列修改实例　　　　图3-15 线性阵列修改实例结果

2. 圆周阵列

【圆周阵列】是将源特征围绕指定的轴线复制生成多个特征实例。如图3-16所示，利用【圆周阵列】实现模型上指定特征的圆周阵列。单击【特征】工具栏中的【圆周阵列】按钮，或者选择【插入】/【阵列/镜像】/【圆周阵列】菜单命令，弹出【圆周阵列】特征管理器，各参数可在管理器中加以设定。实例是要将阵列源绕圆心360°均布4个。具体设定如图3-17所示。

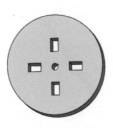

图3-16 圆周阵列　　　　图3-17 圆周阵列特征管理器

（1）【方向1】 选择阵列的参考轴，支持对象包括轴、圆周边线、线性边线、直线、角度尺寸、圆柱面、旋转面等。均布选择边线1；【方向2】设置与【方向1】相反方向阵列的对象。其他选项与【线性阵列】含义相近。

（2）【实例间距】 实现一定角度范围内均布阵列对象，默认是360°均布。

（3）【角度】 用于输入阵列对象间的角度，这里输入90°。

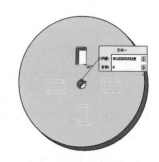

（4）【数量】 用于确定需要阵列的实例数量，源特征包含在内，这里输入4。

（5）【特征和面】 选择所需阵列的源特征或面，这里选择"切除-拉伸1"。

其他默认，结果预览如图3-18所示，设置完成后单击【确认】按钮 ✓，生成圆周阵列特征。

图3-18 圆周阵列结果预览

3. 镜像阵列

【镜像】是对称于参考面复制所选的特征或所有特征。如图3-19所示，利用【镜像】实现模型上指定特征的镜像。

单击特征工具栏上的【镜像】，或单击【插入】/【阵列/镜像】/【镜像】，在特征管理器中设置参数，具体设定如图3-20所示。

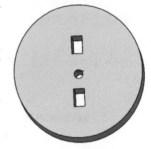

（1）【镜像面/基准面】 指定镜像参考的面，可选基准面或者平面。此处选择前视基准面。

（2）【要镜像的特征】 指定一个或多个要镜像的特征。这里选择特征"切除-拉伸1"。

（3）【要镜像的面】 指定要镜像特征的面。如图3-20所示，选择要镜像的四个面，要求所选面镜像后与已有实体形成封闭环，镜像结果如图3-21所示。

图3-19 镜像特征

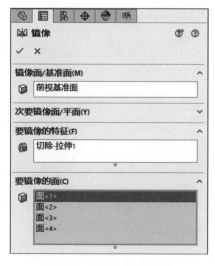

图3-20 镜像特征管理器

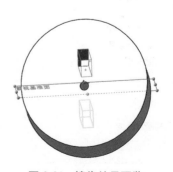

图3-21 镜像结果预览

（4）【要镜像的实体】　指定多个实体中要镜像的单一实体。

（5）【合并实体】　用于镜像实体，将源实体和镜像的实体合并为一个实体。

（6）【缝合曲面】　用于镜像曲面实体，将源曲面实体和镜像的曲面实体合并为一个曲面实体。

4. 曲线驱动的阵列

视频 3-2

【曲线驱动的阵列】用于沿已有的曲线生成阵列的方法。

单击【特征】/【曲线驱动的阵列】，在特征管理器中设置参数，具体设定如图 3-22 所示。

（1）【方向 1】　选择阵列源阵列参考的路径，单击反向 ↗ 来改变阵列的方向。

（2）【数量】　沿阵列方向确定阵列实例的位置及角度，这里设置 4 个。

（3）【转换曲线】　选择沿曲线的距离是参考曲线原点到源特征的距离，是用固定值的方式来定义阵列的方向。

（4）【等距曲线】　选择参考曲线原点到源特征的垂直距离来定义阵列的方向。

（5）【与曲线相切】　阵列实例的方向为与曲线相切。

（6）【对齐到源】　每个阵列的实例与源对象的方向保持一致。

选择【转换曲线】，再分别选择【与曲线相切】、【对齐到源】，阵列结果如图 3-23a、b 所示。

选择【等距曲线】，再分别选择【与曲线相切】、【对齐到源】，阵列结果如图 3-23c、d 所示。

图 3-22　特征管理器设置

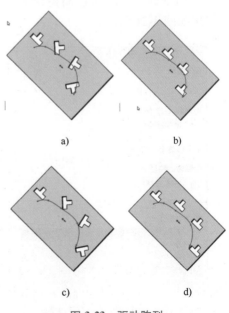

图 3-23　驱动阵列

5. 由表格驱动的阵列

【由表格驱动的阵列】是通过 X-Y 的坐标值来指定阵列路径的阵列。阵列前，需要事先创建好 X-Y 轴所在的坐标系。

单击特征工具栏的【由表格驱动的阵列】，或单击【插入】/【阵列/镜像】/【由表格驱动的阵列】。系统弹出独立的对话框，在此对话框中进行参数的设置。对话框如图 3-24 所示。

视频 3-3

其中【读取文件】，输入带 X-Y 坐标的阵列表或文本文件。单击浏览，然后选择一阵列表文件（*.sldptab）或文本文件（*.txt）来输入现有的 X-Y 坐标。

文本文件包含两列，分别为 X 坐标和 Y 坐标。两列由分隔符分开，注意：文本文件中不包括源特征的坐标值，但导入系统后，对话框中显示点的坐标表格中第 0 行是源特征的坐标值，如图 3-25 所示。

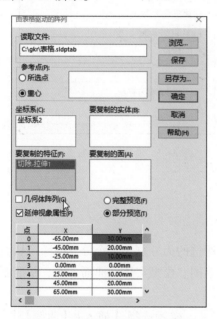

图 3-24 由表格驱动的阵列对话框

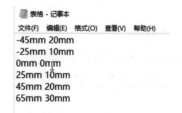

图 3-25 文本文件示例

浏览导入文本文件，选择参考点为重心，【要复制的特征】选择"切除-拉伸 1"的孔，确定后，阵列结果如图 3-26 所示。

6. 填充阵列

【填充阵列】是在所选定的区域中进行的阵列。

单击特征工具栏的【填充阵列】，或单击【插入】/【阵列/镜像】/【填充阵列】，其特征管理器如图 3-27 所示。

【填充边界】指定阵列要填充的区域，可以是草图、面上曲线、面等。

【阵列布局】确定填充边界内实例的布局阵列。有【穿孔】、【圆形】、【方形】、【多边形】四种布局，每种布局下设有参数选项，详细介绍请参考软件帮助。

【生成源切】为要阵列的源特征自定义切除形状。不需要选择阵列的源对象，系统根据相关参数自动生成相关特征，包括【圆】、【方形】、【菱形】和【多边形】。

图 3-26　阵列结果　　　　　图 3-27　填充阵列特征管理器

二、面上绘制曲线

1. 分割线

分割线通过将实体投影到曲面或平面上而将所选的面分割为多个分离的面，从而可以选择其中一个分离面进行操作。投影的实体可以是草图、模型实体、曲面、面、基准面或曲面样条曲线。

单击【曲线】工具栏中的【分割线】按钮 ⬡，或者选择【插入】/【曲线】/【分割线】菜单命令，弹出【分割线】特征管理器，在【分割类型】选项组中，选择生成的分割线的类型。

选择【轮廓】、【投影】、【交叉点】后的【分割线】特征管理器分别如图 3-28 所示。

（1）【轮廓】　面到面地生成分割线，在圆柱形零件上生成分割线。

（2）【投影】　将草图上的线投影到面上生成分割线。选择【投影】后的【分割线】处理结果如图 3-29 所示。

（3）【交叉点】　用交叉的曲面来生成分割线，其中【线性】是按照线性方向进行分割。

2. 投影线

投影曲线有【面上草图】和【草图上草图】两种类型。【面上草图】是通过将绘制的曲线投影到模型面上的方式生成一条三维曲线。【草图上草图】是先在两个相交的基准面上分别绘制草图，将每个草图沿所在平面垂直方向投影以得到相应的曲面，最后这个曲面在空间中相交而生成一条三维曲线。

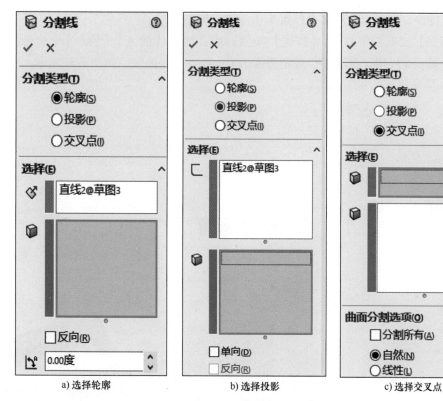

a) 选择轮廓　　　　　　　b) 选择投影　　　　　　　c) 选择交叉点

图 3-28　分割线特征管理器

图 3-29　选择投影后的分割线处理结果

单击【曲线】工具栏中的【投影曲线】按钮🎐，或者选择【插入】/【曲线】/【投影曲线】菜单命令，弹出【投影曲线】特征管理器，如图 3-30 所示。

在【选择】选项组中，可以选择两种投影类型，即【面上草图】和【草图上草图】。

🗀【要投影的草图】在图形区域中选择曲线草图。

🎲【投影面】选择想要投影草图的面。

【反向投影】设置投影曲面的方向。

【双向】创建在草图两侧延伸的投影。

三、抽壳

【抽壳特征】可以掏空零件，使所选择的面敞开，在剩余的其他面上生成薄壁特征。如果没有选择模型上的任何面，则可以掏空实体零件，生

视频 3-4

成闭合的抽壳特征，也可以使用多个厚度来生成抽壳模型。

单击【特征】工具栏中的  【抽壳】按钮，或者选择【插入】/【特征】/【抽壳】菜单命令，弹出【抽壳1】特征管理器，设定厚度为10mm的模型抽壳，如图3-31所示，抽壳特征结果如图3-32所示。

图 3-30　投影曲线特征管理器

图 3-31　抽壳 1 特征管理器

图 3-32　抽壳特征结果

1.【参数】

【厚度】设置保留面的厚度。

【移除的面】在图形区域中选择一个或多个要移除的面。

【壳厚朝外】增加模型的外部尺寸。

【显示预览】显示抽壳特征的预览。

2.【多厚度设定】

【多厚度面】在图形区域中选择一个面，为所选面设置不同于【参数】选项组【厚度】的 【多厚度】数值。如图3-33所示，选择模型的上表面为面1，厚度默认为10mm，【多厚度设定】选择左侧面即为面2，设置 【多厚度】为20mm，多厚度抽壳特征结果如图3-34所示。

四、筋

筋是在零件两结合体的公共垂直面上增加的一块加强板，以增加结合面的强度。在 SOLIDWORKS 中，筋是一种特殊的拉伸特征，由开环或闭环的草图轮廓生成，是在草图轮廓与现有零件之间添加指定方向和厚度的材料。

视频 3-5

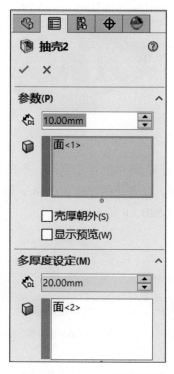

图 3-33　抽壳 2 特征管理器

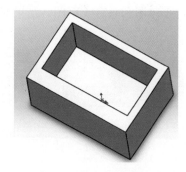

图 3-34　多厚度抽壳特征结果

如图 3-35 所示零件，绘制草图直线，斜线长 35mm，角度是 240°。

单击【特征】工具栏中的【筋】，或选择菜单栏中的
【插入】/【特征】/【筋】，系统弹出"筋"特征管理器。特征
管理器的主要参数是定义筋的厚度和生成方向。

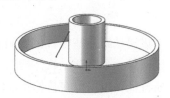

图 3-35　筋特征草图

（1）厚度　用于定义筋厚度生成的方向，可只添加材料
到草图的一边，如图 3-36a 所示；或均等添加材料到草图的
两边，如图 3-36b 所示；或只添加材料到草图的另一边，如
图 3-36c 所示。【筋厚度】输入设置筋的厚度值。这里在导
入的实体模型的基础上，选择第一边，厚度为 3mm，生成筋特征结果如图 3-37 所示。

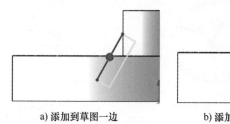

a) 添加到草图一边

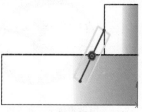

b) 添加到草图两边

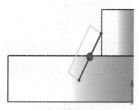

c) 添加到草图另一边

图 3-36　筋厚度设置

筋的设置一般具有多个对称的特点，这里，我们采用【圆周阵列】的方法，以圆柱面
为"阵列轴"，选择"等间距""360°"，阵列 6 个实例的设置，完成筋特征的设计，如图 3-38

所示。

图 3-37　筋特征结果

图 3-38　筋特征阵列

（2）拉伸方向　设置筋的拉伸方向，可以平行于草图和垂直于草图，筋的拉伸方向是不同的。在前视基准面上，绘制如图 3-39a 所示草图，设置筋的厚度为 3mm，筋的拉伸方向分别选择平行于草图和垂直于草图，结果对比如图 3-39b、c 所示。

a) 草图　　　　　　　　b) 平行于草图　　　　　　　　c) 垂直于草图

图 3-39　拉伸方向

（3）反转材料方向　用于设定向实体拉伸填充材料的方向。

五、拔模

拔模是给一些零件的竖直面添加斜度，便于零件脱模，SOLIDWORKS 中拔模是一个特征，软件提供了丰富的拔模功能，可以在现有零件上生成拔模特征，也可以在拉伸特征的同时进行拔模。

视频 3-6

【拔模打开/关闭】添加拔模到筋，设定拔模角度来指定拔模度数。

向外拔模：该选项在"拔模打开/关闭"被选择时可使用，表示生成一个向外的拔模角度，如取消选中，将生成一个向内的拔模角度，如图 3-40 所示。

a) 未使用拔模　　　　　b) 取消选中"向外拔模"　　　　　c) 选中"向外拔模"

图 3-40　拔模方向设置

【类型】当"拉伸方向"为"垂直于草图"时，有以下两种情况：

线性：生成一个与草图方向垂直而延伸草图轮廓（直到它们与边界汇合）的筋。

自然：生成一个延伸草图轮廓的筋，以相同轮廓方式延续，直到筋与边界汇合。

单击【特征】工具栏中的【拔模】，或选择菜单栏中的【插入】/【特征】/【拔模】，系统弹出"拔模"特征管理器。

（1）【中性面】拔模　使用中性面为拔模类型，可以使用参考平面作为拔模起始面和拔模方向参考。

【拔模角度】设定拔模角度。

【中性面】用于选择参考平面，拔模时注意方向性，方向与预期的不一致，单击【反向】。

【拔模面】用于选择需要拔模的面。

【拔模沿面延伸】用于自动选择关联面。

中性面拔模设置如图 3-41 所示，零件中性面拔模特征如图 3-42 所示。

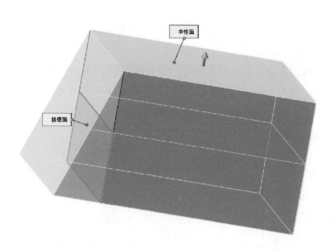

图 3-41　中性面拔模设置

（2）【分型线】拔模　对分型线周围的曲面进行拔模。要求之前已经插入一条分割线分离了要拔模的面，或者使用现有的模型边线分离了要拔模的面。

在特征管理器的参数主要有【拔模类型】、【拔模角度】、【中性面】、【拔模方向】和【拔模面】五组参数。

【拔模角度】设定拔模角度。

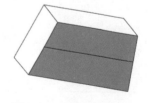

图 3-42　中性面拔模特征

【拔模方向】可以在图形区域选择一条直线或一个平面来指示拔模方向。如果要向相反的方向生成拔模，单击"反向"按钮。

【分型线】在图形区域中选取分型线。

【其他面】如果要为分型线的每一线段指定不同的拔模方向，可单击"分型线"列表框中的边线名称。

分型线拔模设置如图 3-43 所示，零件分型线拔模特征如图 3-44 所示。

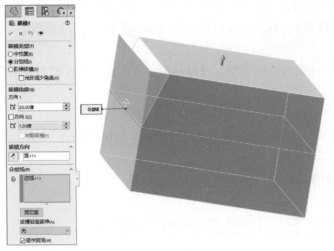

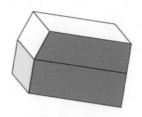

图 3-43　分型线拔模设置　　　　　　图 3-44　分型线拔模特征

（3）【阶梯拔模】　生成一个绕着用来作为拔模方向的基准面而旋转的面。此处可产生较小的面，代表阶梯。

【阶梯拔模】有【锥形阶梯】和【垂直阶梯】两个子选项，两者生成的阶梯形式不同。【锥形阶梯】会使台阶侧面同时生成拔模斜度，类似于锥形曲面。锥形阶梯拔模设置如图 3-45 所示，零件锥形阶梯拔模特征如图 3-46 所示。

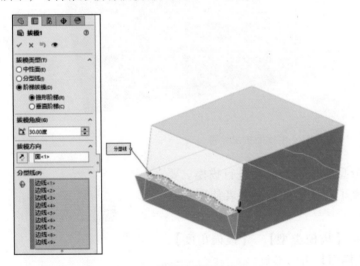

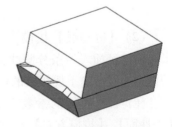

图 3-45　锥形阶梯拔模设置　　　　　　图 3-46　锥形阶梯拔模特征

【垂直阶梯】台阶不会生成拔模斜度。垂直阶梯拔模设置如图 3-47 所示，零件垂直阶梯拔模特征如图 3-48 所示。

任务实施

根据图 3-3 所示零件任务要求，汽车轮毂建模主要步骤如下：

步骤 1　新建零件。如图 3-49 所示，使用 part 模板创建一个新的零件。

视频 3-7

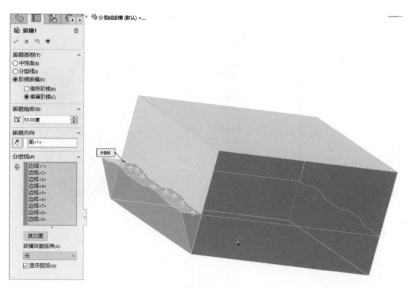

图 3-47　垂直阶梯拔模设置

图 3-48　垂直阶梯拔模特征

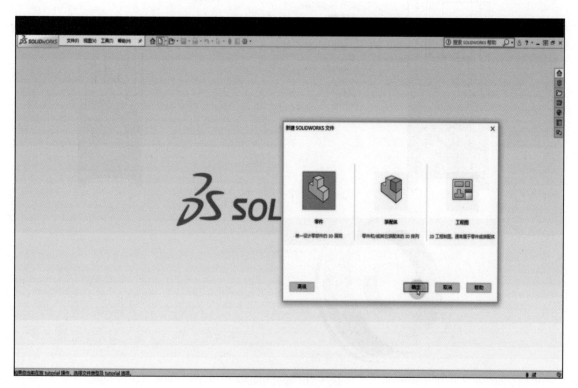

图 3-49　新建零件

步骤 2　在"上视基准面"上，绘制草图，如图 3-50a 所示，建立自动草图几何关系、智能尺寸标注，如图 3-50b 所示。

步骤 3　对草图进行旋转操作，如图 3-51 所示。

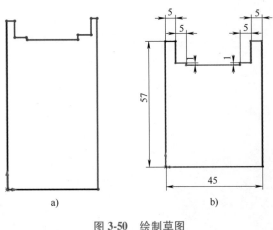

a)   b)

图 3-50   绘制草图

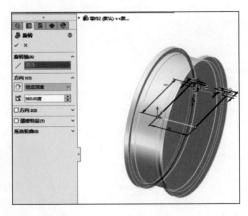

图 3-51   旋转操作

步骤 4   对实体进行旋转切除，如图 3-52 所示。

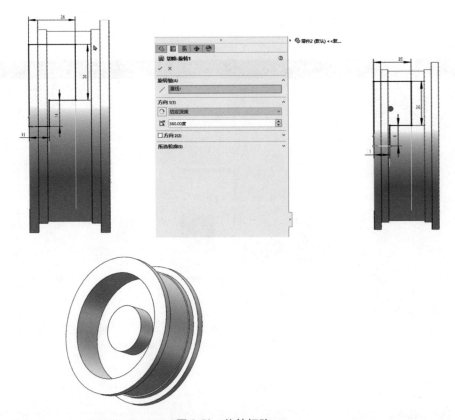

图 3-52   旋转切除一

步骤 5   对实体上表面进行旋转切除，如图 3-53 所示。

步骤 6   对实体表面进行定位槽及信息贴码区的拉伸切除，如图 3-54 所示。

步骤 7   对定位槽及信息贴码区进行镜像，如图 3-55 所示。

步骤 8   以右视基准面为参考，建立基准面 1，如图 3-56 所示。

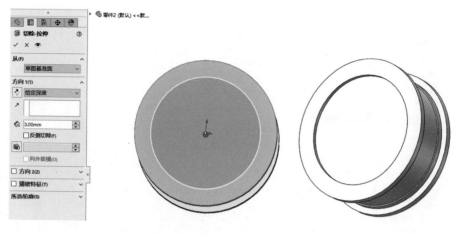

图 3-53 旋转切除二

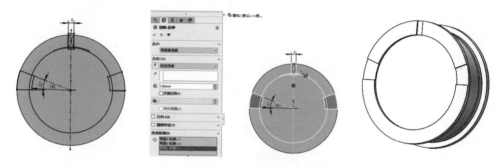

图 3-54 拉伸切除

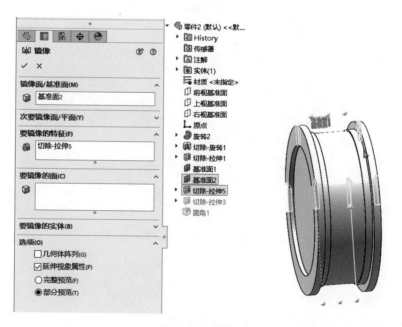

图 3-55 镜像

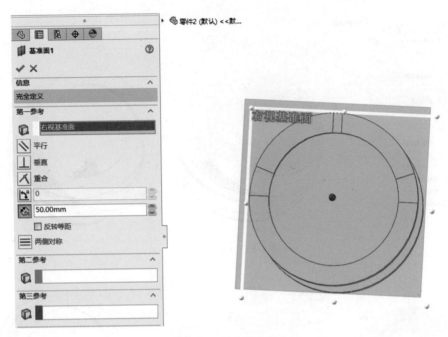

图 3-56　新建基准面 1

步骤 9　在基准面 1 上，编辑草图，如图 3-57 所示。

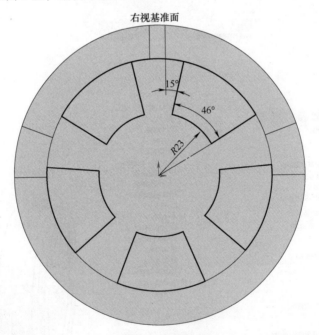

图 3-57　草图编辑

步骤 10　对草图进行拉伸切除，如图 3-58 所示。

步骤 11　给实体添加圆角特征，如图 3-59 所示。

步骤 12　建立拉伸切除特征，如图 3-60 所示。

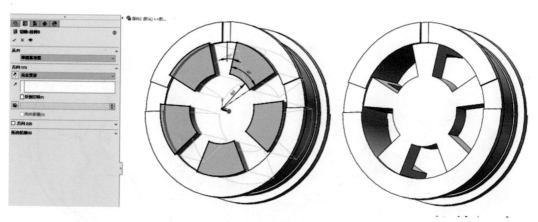

图 3-58　拉伸切除

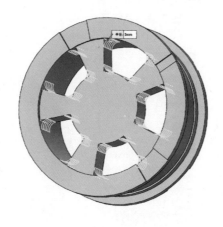

图 3-59　圆角特征

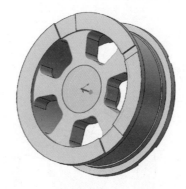

图 3-60　拉伸切除特征

步骤 13　创建两个孔特征，如图 3-61 所示。

步骤 14　完成孔特征的创建，如图 3-62 所示。

步骤 15　完成孔特征的镜像，如图 3-63 所示。

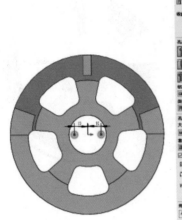
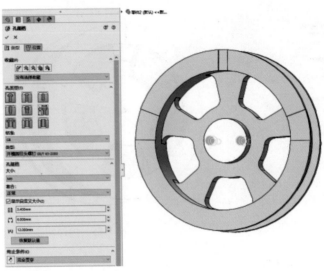

图 3-61　孔特征

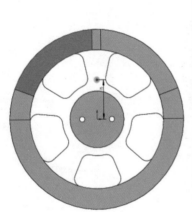
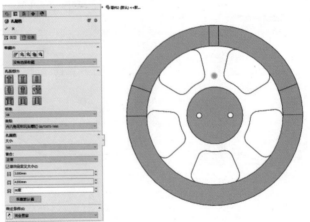

图 3-62　孔特征创建完成

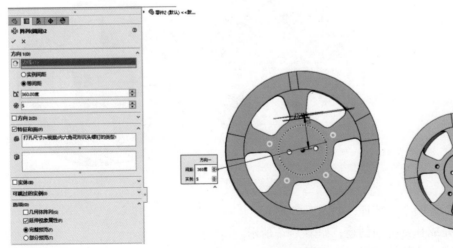

图 3-63　孔特征镜像

步骤 16　进行倒角特征的创建，如图 3-64、图 3-65 所示。

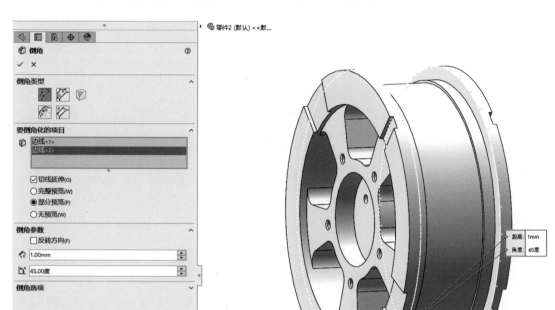

图 3-64　倒角特征一

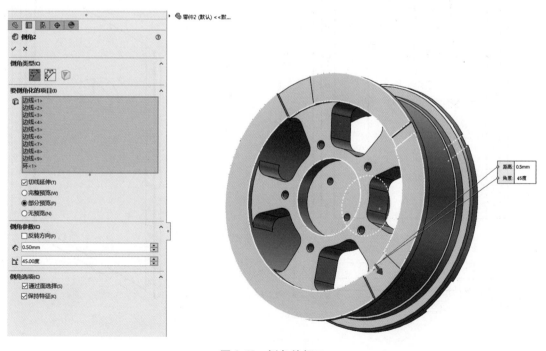

图 3-65　倒角特征二

步骤 17 完成轮毂零件的建模，如图 3-66 所示。

图 3-66 轮毂零件

任务训练

练习 3-1

根据零件信息和尺寸，完成图 3-67~图 3-70 零件的建模。

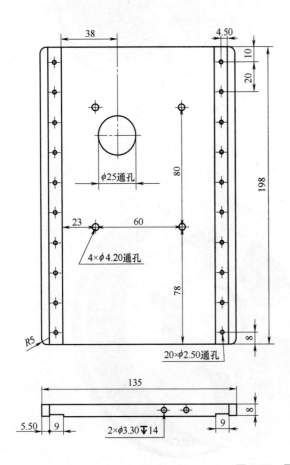

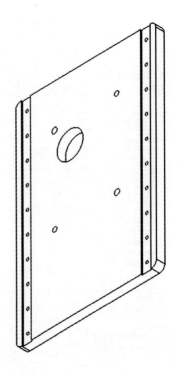

图 3-67 零件一

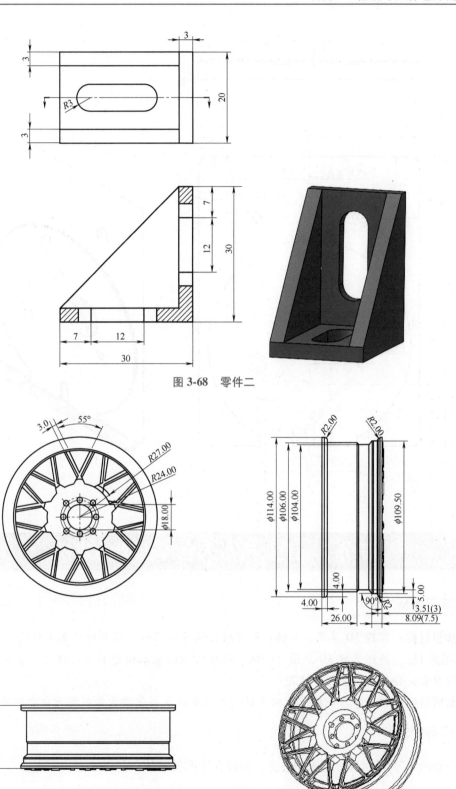

图 3-68　零件二

图 3-69　零件三

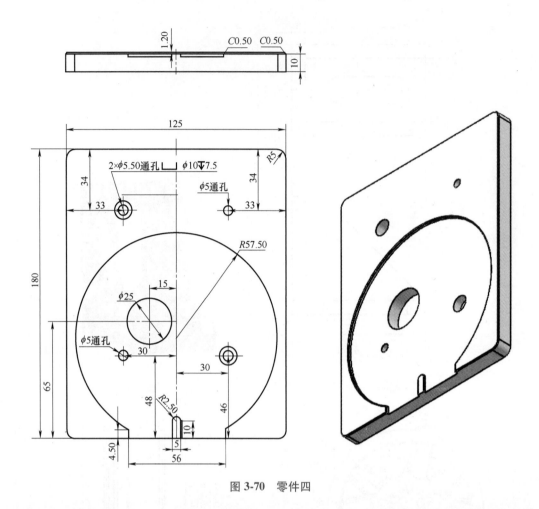

图 3-70   零件四

任务 2   工业机器人仓库框架的建模

学习目标

知识目标：掌握 3D 草图、扫描、放样特征的生成原理；掌握焊件模块功能。

技能目标：熟练掌握 3D 草图、扫描、放样特征的基本操作和使用技巧；掌握案例零件的建模步骤，合理表达其设计意图。

素质目标：提升学习积极性，树立时间效率意识，引导学生不断提升自身职业竞争力。

任务要求

根据图 3-71 所示四个视图的表达，创建仓库框架零件。

任务分析

货架的建模过程包括：创建新零件文件、绘制草图、启用焊件。结构构件草图绘制包括

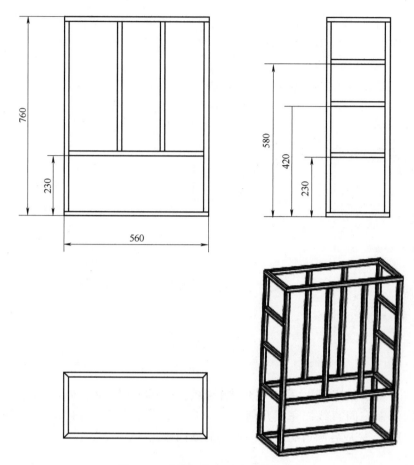

图 3-71   仓库框架图（去除托架板）

二维草图和三维（3D）草图，3D 草图是空间草图。在非标产品设计中，扫描、放样有时需要三维草图路径，或者一些管道、电缆、机架生成路径时，会使用 SOLIDWORKS 软件里的 3D 草图。

焊件是由多个焊接在一起的零件组成的，实际是一个装配体，但在实际生产中由于焊件通常被看作是一个"零件"，所以具有自己的特性。

立体仓库框架的建模，可以在 3D 草图基础上，采用焊件功能来实现。用 2D 和 3D 草图来定义基本框架，然后生成包含草图线段组的结构构件，即可完成仓库框架的建模。

一、3D 草图

3D 草图是 SOLIDWORKS 的一个重要建模功能。参考 XY、YZ 和 ZX 平面、轴、曲面或在 3D 空间的任意点生成 3D 草图实体。

可用来生成 3D 草图的工具包括所有圆工具、所有弧工具、所有矩形工具、直线、点、样条曲线，还包括中心线、转换实体、面曲线、绘制圆角、

视频 3-8

绘制倒角、交叉曲线、剪裁实体、延伸实体、构造几何线等。但曲面上的样条曲线只能在 3D 草图中来使用，2D 草图中大多数几何关系可以用到 3D 草图中，但对称、阵列和偏移等不能在 3D 草图中使用。

新建零件文件，默认进入等轴侧视图，单击【草图】/【草图绘制】/【3D 草图】或【焊件】/【3D 草图】，进入 3D 草图编辑状态，在设计树下面会自动生成新建的 3D 草图的图标及名称。

单击绘制工具，这里选择【直线】，当前默认的绘图基准面是 XY 面，在绘图区域出现空间控标，如图 3-72 所示，直线的方向由鼠标拖动决定，以原点为起点，在 XY 基准面上绘制直线，如图 3-73 所示。

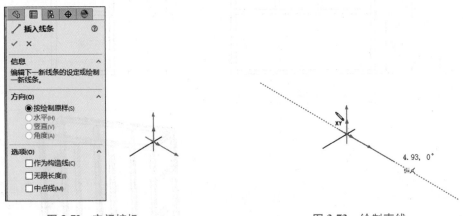

图 3-72　空间控标　　　　　　　　　　　　图 3-73　绘制直线

选择绘图工具后，按<Tab>键，可依次转换绘图基准面为 YZ、ZX、XY 面。依次在 YZ 和 ZX 平面内绘制空间直线，完成几何约束和尺寸标注，如图 3-74 所示。单击【草图工具】/【绘制圆角】，完成各圆角的绘制，如图 3-75 所示。

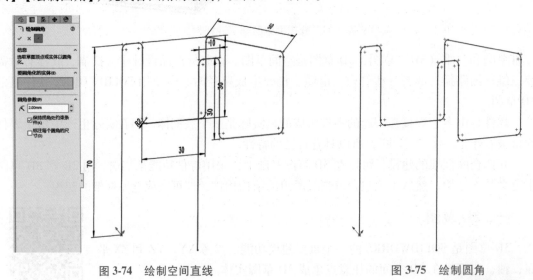

图 3-74　绘制空间直线　　　　　　　　　　图 3-75　绘制圆角

二、扫描

扫描特征是指由二维草绘平面沿一个平面或空间轨迹线扫描而成的一类特征。通过沿着一条路径移动轮廓（截面），可以生成基体、凸台、切

视频 3-9

除或曲面，如图 3-76 所示。

单击【特征】/【扫描】，出现扫描属性对话框，如图 3-77 所示。

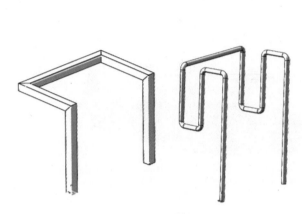

图 3-76　扫描特征

图 3-77　扫描属性对话框

1.【轮廓和路径】

（1）轮廓　用来生成扫描的草图轮廓（截面）。扫描时在图形区域或特征管理器中选取草图轮廓。轮廓可以是草图或者实体，但要求是闭环的。

（2）路径　设定轮廓扫描的路径。扫描时在图形区域或特征管理器中选取路径草图，路径可以是草图曲线、空间曲线、模型边线等，可以是开环或者闭环。要扫描的轮廓在扫描路径上不能自相交。

2.【引导线】

可以生成等截面的扫描，如图 3-78 所示；也可以生成扫描时随【引导线】截面变化而变化的扫描，如图 3-79 所示。

3.【选项】

（1）【轮廓方位】　设置草图轮廓受路径方向变化影响的情形。【随路径变化】将使草图轮廓随路径的变化而变换方向，截面相对于路径时刻处于同一角度。

【保持法线不变】使草图轮廓保持法线方向不变，截面时刻与开始截面平行。

（2）【轮廓扭转】　设置轮廓在扫描过程中自身变化的情形，主要是角度上的变化，如图 3-80 所示。

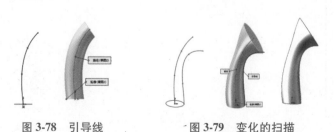

图 3-78　引导线　　　　图 3-79　变化的扫描　　　　图 3-80　轮廓扭转

选择【指定扭转值】且【扭转控制】、【最小扭转】，3D 路径中，纠正以沿路径最小化轮廓扭转，如图 3-81、图 3-82 所示。

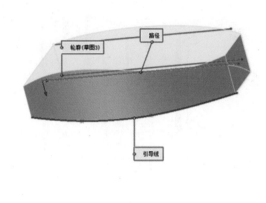

图 3-81　最小扭转一

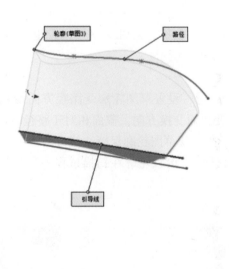

图 3-82　最小扭转二

【指定扭转值】沿路径定义轮廓扭转，选择度数或圈数，如图 3-83 所示。

【指定方向向量】选择一基准面、平面、直线、边线、圆柱、轴、特征上顶点组等来设定方向向量，如图 3-84 所示。不可用于保持法向不变。

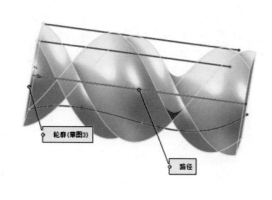

图 3-83   指定扭转角度

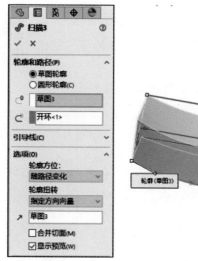
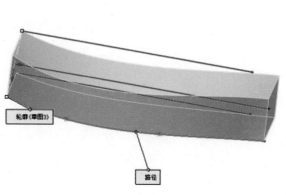

图 3-84   指定方向向量

【相邻面相切】将扫描附加到现有几何体时可用，使相邻面在轮廓上相切。

【自然】仅限于 3D 路径。当轮廓沿路径扫描时，在路径中可绕轴转动以相对于曲率保持同一角度。它可能产生意想不到的结果。

如果要生成薄壁特征扫描，则勾选【薄壁特征】复选框，即可激活薄壁选项（见图 3-85），然后选择薄壁类型并设置薄壁厚度即可，基本方法与前面所介绍的基本一致。

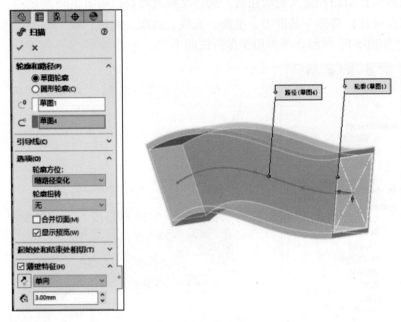

图 3-85　薄壁特征

对于【起始处和结束处相切】，【起始处相切类型】的作用是沿垂直于开始点路径生成扫描。【结束处相切类型】的作用是沿垂直于结束点路径生成扫描。

三、放样

【放样】通过在两个或多个轮廓之间进行过渡连接而生成特征。放样可以是基体、凸台、切除或曲面，如图 3-86、图 3-87 所示。

单击【特征】/【放样凸台/基体】，【放样】特征管理器如图 3-88 所示。

视频 3-10

图 3-86　放样一　　　　图 3-87　放样二　　　　图 3-88　【放样】特征管理器

1.【轮廓】

用来生成放样的轮廓，在图形区域或特征管理器中选择要放样的草图轮廓、面或边线。【上移】和【下移】用来调整所选轮廓的顺序。

2.【开始/结束约束】

【开始约束】和【结束约束】用来控制开始和结束轮廓的相切，其下拉菜单中包括：

【无】 不应用相切约束（即曲率为零）。

【方向向量】 所选的方向向量用来定义放样形状的走向。图 3-89 为【开始约束】选择了斜线作为参考，【起始处相切长度】设置为 1 的放样结果。

【垂直于轮廓】 使放样与轮廓面相垂直。图 3-90 为【开始约束】和【结束约束】都选择了【垂直于轮廓】的放样结果。

【与面相切】 使放样与相邻轮廓的邻面相切。当轮廓是现有几何体时，有此选项。图 3-91 为【开始约束】选择了【与面相切】，【结束约束】选择【无】的放样结果。

【与面的曲率】 使放样与相邻轮廓的邻面，在所选开始或结束轮廓处更加平滑、具有美感。

图 3-89　方向向量

图 3-90　垂直于轮廓

3.【引导线】

用引导线来影响放样，控制放样的形状走向。图 3-92 为放样根据引导线形状而变化。

图 3-91　与面相切

图 3-92　引导线

4.【中心线参数】

使用中心线引导控制整个放样形状走向。中心线可以和引导线同时存在，一个放样只支持一条中心线，所选中心线只需与轮廓平面相交，可以不与轮廓相交。图 3-93 为以边样条线为引导线，中间样条线为中心线的放样结果。

5.【草图工具】

可对草图实施拖动操作，实现放样的实时更新。如图 3-94 所示，选择【拖动草图】激活拖动模式，当编辑放样特征时，可以从任何已经为放样定义了轮廓线的 3D 草图中拖动 3D 草图线段、点或基准面，3D 草图在拖动时自动更新。

6.【选项】

【合并切面】 如果放样线段相切，则保持放样中的对应曲面相切（见图 3-95）。

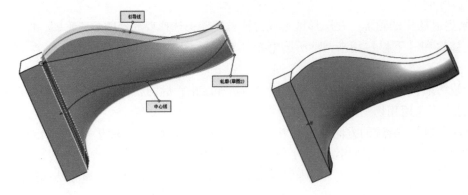

图 3-93　中心线参数

【闭合放样】　自动连接最后一个和第一个草图实体，沿放样方向生成闭合实体，如图 3-96 所示。

图 3-94　拖动草图　　　　图 3-95　合并切面　　　　图 3-96　闭合放样

四、焊件

焊件是指含有多实体的特殊零件模型，可用切割清单来描述，把这些实体在产品中焊接在一起。

视频 3-11

焊件主要有两种形式，一类由钢板拼焊而成称之为板焊，另一类由型材拼焊而成称之为型材焊。钢板拼焊而成的是用"特征"模块做出多实体零件，型材拼焊而成的是用"焊件"模块的结构件来设计。

单击【视图】/【工具栏】/【焊件】，弹出焊件的特征管理器。若想添加焊件工具栏到命令管理器，用右键单击 CommandManager 中的选项卡，然后从列表中选择焊件，如图 3-97 所示。

焊件特征不同于同一功能如圆角或拉伸中的特征。相反，它可以设置设计功能环境。焊件特征可将零件指定为焊件，并激活焊件环境。焊件特征如下：

通过清除添加材质的"特征 PropertyManager"中的合并结果复选框来激活多实体环境。将实体文件夹重新命名为切割清单，并让用户将相同实体分在一组，以便在焊件工程图上的切割清单表中使用。

作为占位符，标示出通用的自定义属性，以便由所有切割清单项目继承。

单击【3D 草图】，开始绘制草图，长×宽×高为 400mm×300mm×300mm 的长方体（见图 3-98），长边约束为沿 Z 轴，短边约束为沿 X 轴。

项目 3 轮毂与立体仓库的建模

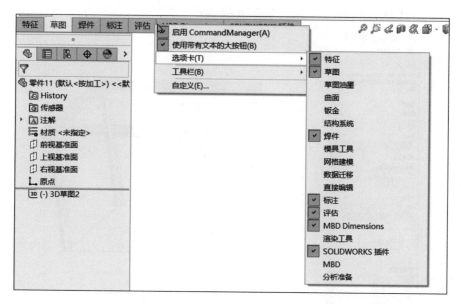

图 3-97 焊件

单击【焊件】/【结构构件】，弹出【结构构件】的特征管理器，其中参数包括：【标准】、【类型】和【大小】。

【组】 结构构件可以设置一个或多个组，组可以包含一条或多条线段。

一般可以设置相邻关系和平行关系的线段为一组。定义组之后，可以将其当作一个单位操作。要生成第一个组，可在草图上选择相关线段。如图 3-99~图 3-101 所示，根据相邻和平行关系定义了 3 个组，并选择了结构构件。

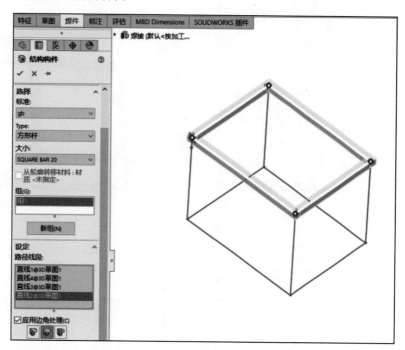

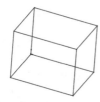

图 3-98 长方体

图 3-99 组 1

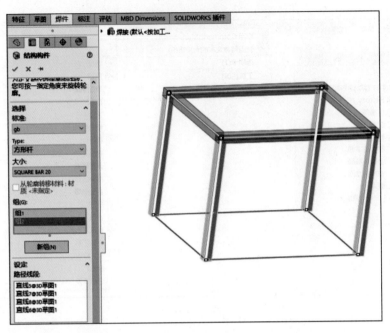

图 3-100　组 2

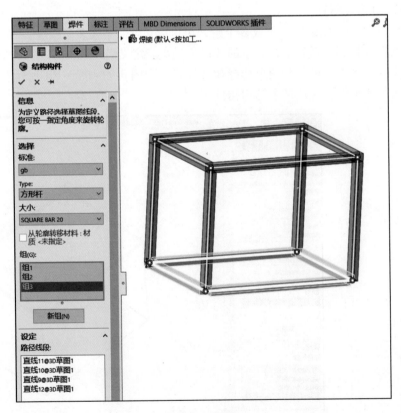

图 3-101　组 3

单击连接点，弹出边角处理对话框，对各边角选择处理方式，如图 3-102～图 3-105 所示，单击【剪裁延伸】，选择组 2 的四条轮廓，分别延长至与组 1 轮廓的上表面和组 3 轮廓的下表面对齐。

图 3-102　边角处理

图 3-103　处理结果

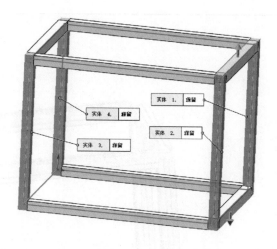

图 3-104　四条轮廓

图 3-105　边角处理结果

SOLIDWORKS 软件默认系统中没有安装焊件标准轮廓库，可以采用添加的方式来添加，有了焊件标准轮廓库，焊件建模结构构件可方便地选取材料。

打开【系统选项】，在系统选项标签/文件位置，在显示下列的文件夹中选择焊件轮廓，单击添加选择国标库文件夹，加载完成确认后，在结构构件中就可以选择各种国标轮廓了。图 3-106 中将结构构件选择为 GB30 * 30G * R1.5，利用【裁剪/延伸】设置边角类型，零件建模结果如图 3-107 所示。

任务实施

根据图 3-35 零件所示任务要求，仓库框架零件建模步骤如下：

步骤 1　创建新零件文件。【新建】选项卡单击【零件】。

步骤 2　绘制草图。单击【草图】绘制图标，进入【3D 草图】编辑模式，在设计树里面选择合适的草图平面，用【直线】等工具画出框架的草

视频 3-12

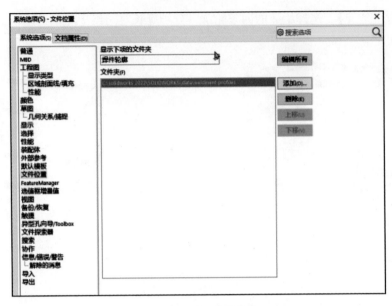

图 3-106 添加焊件轮廓

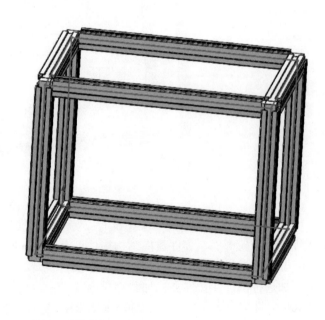

图 3-107 建模结果

图，按<Tab>键切换作图平面。建立自动草图几何关系并标注尺寸，完成仓库框架水平和垂直基础框架线的绘制，如图 3-108 所示。

步骤 3 设置结构构件。单击【焊件】/【结构构件】，选用构建构件的横截面类型，选用方形管（Square tube-Configured），并完成成组操作，如图 3-109、图 3-110 所示。

步骤 4 裁剪及延伸轮廓。根据任务要求，进行适当的裁剪及延伸操作，如图 3-111 所示。

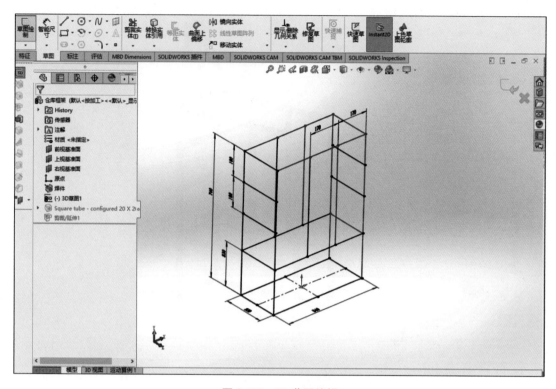

图 3-108   3D 草图编辑

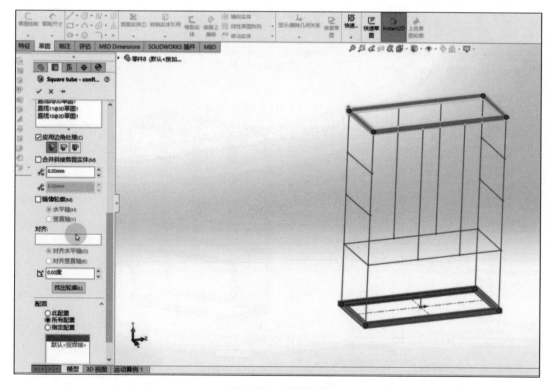

图 3-109   结构构件

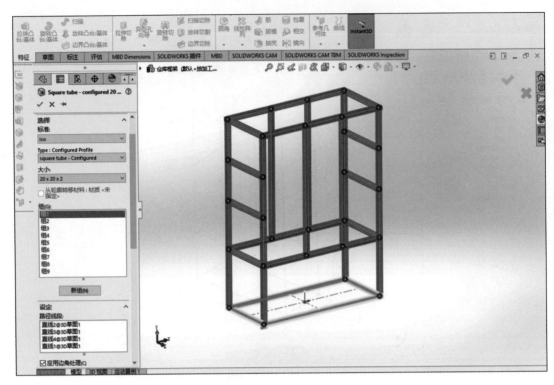

图 3-110　成组设置

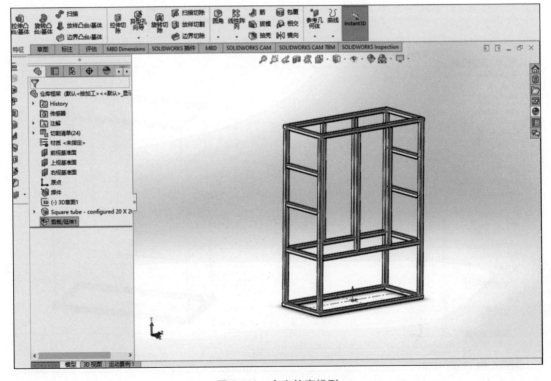

图 3-111　仓库轮廓模型

任务训练

练习 3-2

根据图 3-112~图 3-114 所示零件信息和尺寸，完成相应零件的建模。

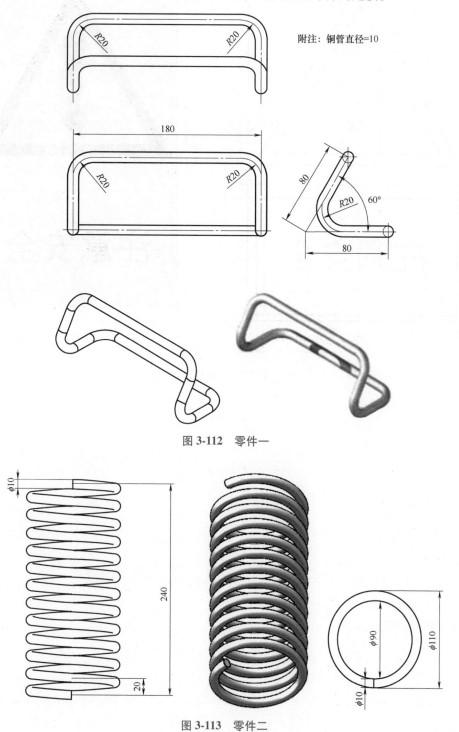

附注：铜管直径=10

图 3-112 　零件一

图 3-113 　零件二

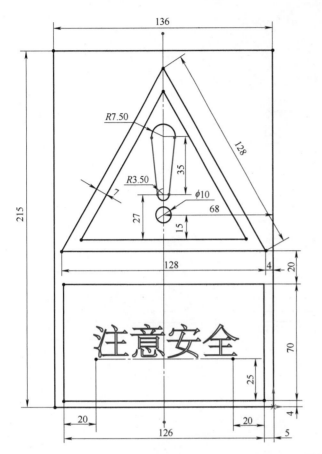

图 3-114　零件三

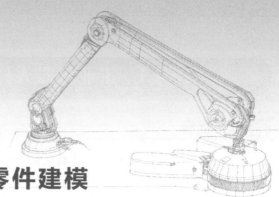

项目 4
工业机器人打磨单元零件建模

项目情境

由于手工打磨的不确定性，经常会出现一些不合格产品。打破传统的打磨加工模式，将工业机器人技术应用到轮毂的打磨中，这样便产生了机器人打磨单元。机器人打磨单元设计有两个打磨工位，通过在工位间的轮毂的翻转实现轮毂双面的打磨。轮毂打磨工位要求完成轮毂打磨工艺，完成打磨时工件要具有稳定的放置及定位。因此，打磨单元包括打磨工位支撑机构、打磨工位轮毂夹紧机构以及其他实现这些功能的组件。

在模型建模的过程中，为了满足设计要求、设计思路或者工艺等其他原因需要对模型进行各种编辑和修改，在建模和修改过程中，也难免会生成一些错误、出现一些非法操作等问题，SOLIDWORKS 具有参数化建模特征，可以方便地对模型进行编辑，在出现错误时，提供一些辅助查找并修复错误的工具。

本项目将基于打磨单元零件的建模，学习在零件设计时常用的特征编辑方法、常见零件建模中错误的处理方法、零件材料的选用以及零件的评估等。

学习导图

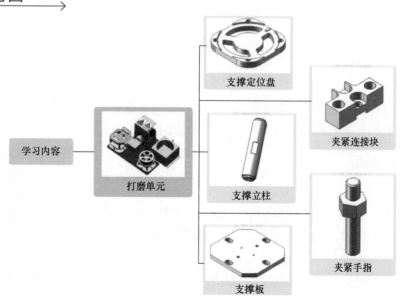

任务 1　工业机器人打磨单元零件特征编辑

学习目标

知识目标： 掌握特征的常用编辑方法，理解常见错误和警告的含义。

技能目标： 熟练使用编辑特征的操作方法，能够修复建模过程中常见的错误。

素质目标： 树立质量意识、责任担当和质量强国的理念，了解质量相关概念及质量管理发展历程，树立科技报国、技能强国的情怀。

任务要求

根据图 4-1 所示视图，完成打磨单元轮毂支撑定位盘的建模，同时关注建模过程中对零件编辑的应用。

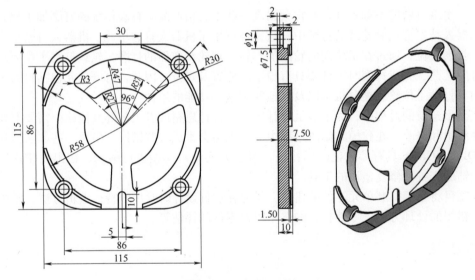

图 4-1　打磨单元轮毂支撑定位盘

任务分析

零件建模过程中，若需求有变更或调整，就需要重新编辑或修改模型，在编辑修改过程中，涉及一些对特征进行编辑的操作，还会遇到模型报错的问题。

一、特征编辑

1. 特征重命名

建模中，设计树中的特征是 SOLIDWORKS 按照默认方式命名的，即采用命令名加序号的组合形式，例如拉伸 1。这种默认的命名方式对于后续建模工作和模型维护不是很友好。为了能够更加清晰地描述特征，可以根据需要对设计树中的特征按一定规律采用具有一定意义且易于理解的名称来进行重命名，尤

视频 4-1

其对于比较复杂的零件建模。

建模时，使用重命名特征是一种良好的设计习惯，因此需要在新建特征时就同时对其进行重命名。单击【选项】/【系统选项】/【FeatureManager】，勾选【特征创建时命名特征】选项，如图 4-2 所示，完成以上设置，新建特征时系统将自动进入重命名状态。对特征的重命名可在特征上单击鼠标右键，选择【特征属性】，在【特征属性】对话框中输入所需的名称即可，如图 4-3 所示。

图 4-2　重命名系统设置

图 4-3　重命名特征属性

2. 特征复制

零件建模过程中，如果有相同或相似特征，不宜使用阵列等功能，可先利用系统提供的特征复制功能进行特征复制，后续再通过进一步更改，完成建模，提高建模效率。可复制的特征只能是基础特征，对于阵列、镜像、比例缩放等不可被复制。

在设计树上找到需要复制的特征，按住键盘上的<Ctrl>键不放，按住鼠标左键将其拖放到新位置，此时将出现特征预览，同时光标右下角会出现"+"提示符，松开<Ctrl>键和鼠标左键，完成复制特征。

3. 特征删除

不再需要的特征，可以将其删除。选择要删除的特征，鼠标右键选择删除，或者按键盘上的<Delete>键即可。

由于某些特征在创建时引用或参照了其他特征，即形成了父子参数关联性，对于存在父子关系的特征，如果删除父特征，则其所有子特征将一起被删除，而删除子特征时，父特征不受影响。删除时，会弹出确认删除对话框，对话框中，若勾选【删除内含特征】则该特征的相关草图将同时被删除，若勾选【默认子特征】，则所有子特征将同时被删除。删除特征后，设计树上会出现错误提示，需要进一步进行问题查找和修复。

在零件设计树的根节点上，单击鼠标右键，选择【动态参考可视化（子级）】，如图 4-4所示，在设计树上选择要查看的特征后，系统就将显示出与该特征有关系的所有子特征关系，如图 4-5 所示。

4. 冻结栏

在设计树上，为了避免对模型进行误操作，可以将已完成的部分进行冻结，如图 4-6 所示，被冻结的特征不能被修改和重建。冻结栏是一条黄色的横线，默认未启动，在【选项】/【系统选项】/【普通】中勾选【启用冻结栏】即可激活冻结栏，如图 4-7 所示。冻结栏

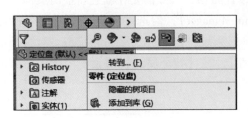

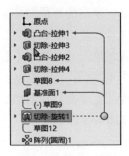

图 4-4　特征删除　　　　　　　　　　图 4-5　查看子特征关系

默认位置显示在零件名称下方，设计树顶部。鼠标左键移动到冻结栏上，鼠标指针变成手状
，将冻结栏向下拖动到要冻结的最后一个特征下面，特征上方所有特征都被冻结，无法
进行编辑和重建，锁定图标和灰色字体表示已经被冻结。

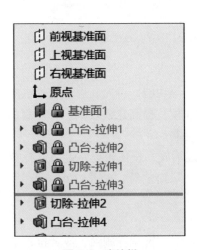

图 4-6　冻结栏　　　　　　　　　　　图 4-7　冻结栏设置

5. 退回特征

在设计树中，利用退回控制棒可以暂时退回到之前的某个特征状态。如图 4-8 所示，在设计树上可以上下拖动退回控制棒，可以在重建顺序中前进后退。被变成退后状态的特征，在设计树上的图标颜色变成灰色不可用。如图 4-9 所示，退回棒退回到凸台-拉伸 2 后，零件退回到没有旋转切除、孔和圆角的状态。

6. 特征压缩

特征压缩是指已经完成的特征在模型中不显示出来，同时该特征在 FeatureManager 设计树中显示为灰色。如果被压缩的特征有子特征，那么子特征也被压缩。

欲压缩特征，即在 FeatureManager 设计树中选择特征，右键选择压缩，或者单击特征工具栏上的压缩即可。如图 4-10 所示，选取切除-旋转 1，鼠标右键选择压缩，则模型中该特征和其子特征阵列均被压缩，压缩结果如图 4-11 所示。

当解除某压缩特征后，该特征将被返回到模型中。在 FeatureManager 设计树中选择被压

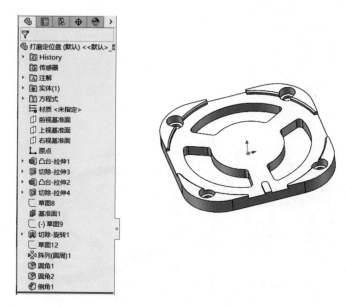

图 4-8　打磨定位盘零件

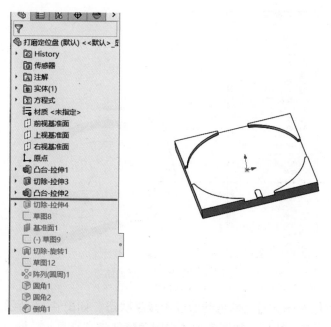

图 4-9　退回特征

缩的特征，右键选择解除压缩，即完成特征的解除压缩。若该特征是另一特征的子特征，则父特征也将被同时解除压缩。如图 4-12 所示，选取解压缩阵列特征，则其父特征切除旋转特征也同时解除压缩。

7. Instant3D

Instant3D 是在 3D 环境下，不需要退回编辑特征的位置，通过拖动控标或标尺来进行动态快速编辑修改模型的工具，可以动态修改草图、特征等。

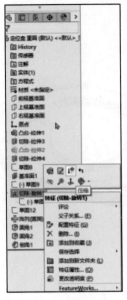

图 4-10　特征压缩

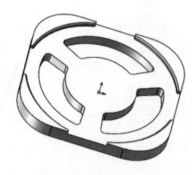

图 4-11　阵列特征压缩结果

单击【特征】/【Instant3D】，即可开始进入修改状态。如图 4-13 所示，单击设计树中的"圆角 1"，作为要修改的特征，视图中被选中圆角特征被高亮显示，同时出现该特征的修改控标，如图 4-14 所示，单击 R30 的控标，即出现标尺，拖动标尺可精确修改草图，将 R30 修改为 R20 后，单击【特征】/【Instant3D】，退出 Instant3D 特征操作，修改后的模型如图 4-15 所示。

8. 重新排序

建模过程中，有些特征的先后顺序需要重新调整，可在该特征上按住鼠标左键不放，将其拖动到目标特征的后面即可。若重新排序的特征存在父子关系，则不能将父特征拖至子特征的后面。

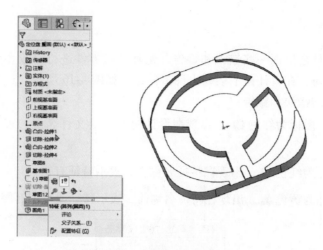

图 4-12　阵列特征解除压缩

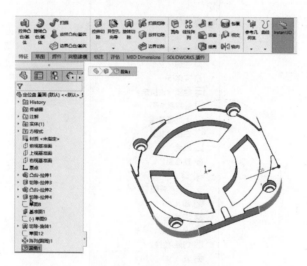

图 4-13　进入 Instant3D

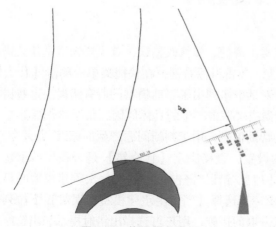

图 4-14　修改圆角半径

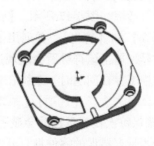

图 4-15　修改后的模型

二、常见错误

建模过程中经常会出现一些错误和警告，尤其是对零件进行修改和编辑时。当出现错误时，在设计树上会列出许多标记。如图 4-16 所示，通过图标可以识别其中的错误和警告：

视频 4-2

1）顶层错误。图标为红色 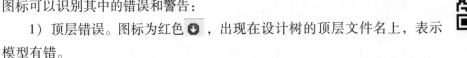，出现在设计树的顶层文件名上，表示模型有错。

2）错误。图标为红色 ⊗，出现在特征名称上，表示特征有错。

3）警告。图标为黄色 ⚠，出现在特征名称前，表示特征或草图有警告。

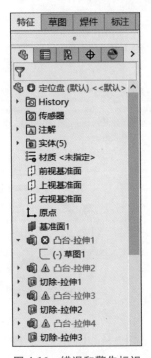

图 4-16　错误和警告标识

（一）什么错误

错误的种类比较多，但有些错误是经常出现的。要修改错误，首先要知道是什么错误。

【什么错】对话框在设计树的根节点上。单击鼠标右键，在快捷菜单中单击【什么错】，弹出的对话框如图 4-17 所示。【什么错】对话框中列出了当前模型的所有错误。这些错误包括【错误】和【警告】，并列出了每个错误或者警告产生的具体原因，每个错误后还带有带辅助符号，单击该符号后会出现进一步的帮助信息，用于判断问题产生的原因。

当模型存在问题时，系统在选项中的设置，直接决定【什么错】是否在模型重建时显示出来，单击选择【选项】/【系统选项】/【信息/错误/警告】中的【每次重建模型时显示错误】，确保每次模型重建后会显示出错提示。当选择【当发生重建模型错误时】下拉列表将会显示当带有错误的零件被打开时，可以采取的措施，用户可选择出错时提示、出错时停止或者继续。

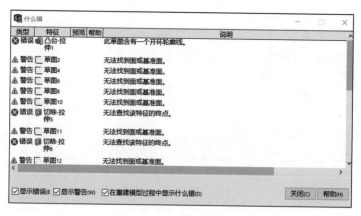

图 4-17　错误提示

（二）错误修复

设计树中特征是按照从上到下的顺序重建的，一个基本特征错误会导致一系列子特征的错误。一旦模型出现错误，最好从第一个错误开始修复，【什么错】的信息会指出错误或警告所在。图 4-18 显示【什么错】提示说明。有许多错误会与草图相关，一些常见的错误有：

1）悬空的尺寸或几何关系。某实体的尺寸或几何关系不再存在。

2）无法重建特征。例如当创建圆角时，若圆角尺寸设置得太大，则无法生成圆角。

3）草图中，包括多余的元素。例如已有端点上连接了多余的直线等元素，或者在绘图区域较远的位置不经意绘制了其他草图等。

4）无解草图。尺寸致使几何体无法存在的草图。

5）过定义草图。有冗余尺寸或冗余关系的草图。

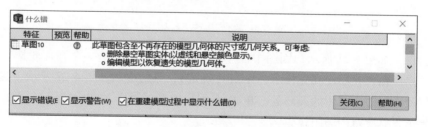

图 4-18　错误说明

1. 检查草图合法性

利用【检查草图合法性】确定特征类型所需的轮廓类型，来检查草图是否可以用于某种特征。不利于特征创建的草图元素将被高亮显示出来。

在草图状态中，单击【工具】/【草图绘制工具】/检查草图合法性，弹出的对话框如图 4-19 所示。

在对话框中，特征用法列举所有在特征中使用草图的方法，草图用于生成特征，特征类型会显示在特征用法中。如要检查草图是否能在其他特征类型中使用，可在特征用法下拉列表中选择该类型，然后单击检查，如图 4-20 所示。

单击【检查】，弹出检测信息对话框，草图根据在特征用法框中特征类型所需的轮廓类型来进行检查。如果草图通过检查，会显示没有发现问题信息。如果出现错误，则会显示有

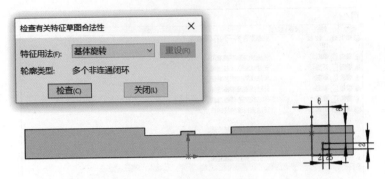

图 4-19　检查草图合法性

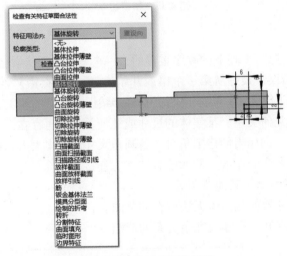

图 4-20　特征用法下拉列表

关错误的信息，如图 4-21 所示，因图中欲生成旋转特征的轮廓是一个开环轮廓，所以系统提示错误，错误信息在图中高亮显示，单击【确定】，系统提示如图 4-22 所示，提示中包括小于指定的最大缝隙值草图的开环处。单击【《】或者【》】按钮查看上一个或者下一个提示。在提示下修改草图为闭环轮廓。

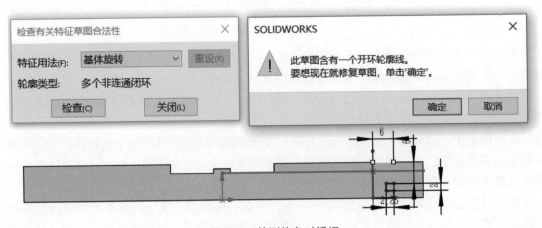

图 4-21　检测信息对话框

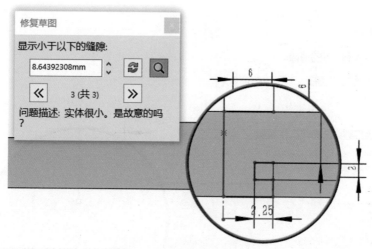

图 4-22　修复草图系统提示

图 4-23 显示草图轮廓线存在两条直线重叠，则提示草图错误信息。根据提示，在草图中删除重叠直线，如图 4-24 所示，单击【刷新】，系统提示没有错误，如图 4-25 所示。其中【重设】可实现恢复为原来特征的用法类型。

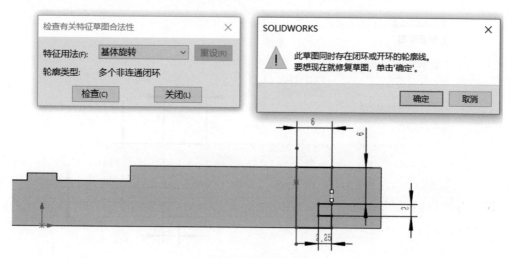

图 4-23　检查草图合法性

2. 修复草图

利用【修复草图】工具能找出草图错误，诸如草图中是否存在小缝隙、重叠几何体、多条短线段等，也可以修复这些错误。

【修复草图】工具能够自动修复以下错误：

1）小型草图绘制实体（链长度小于两倍最大缝隙值的实体）。修复草图工具会将它们从草图中删除。

2）重叠的草图线和圆弧。修复草图工具会将它们合并成一个实体。

单击【工具】/【草图工具】/【修复草图】，在草图有错误时，"修复草图"将高亮显示错误并提供错误说明。

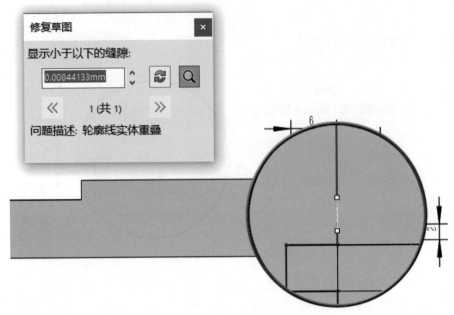

图 4-24 修复草图提示

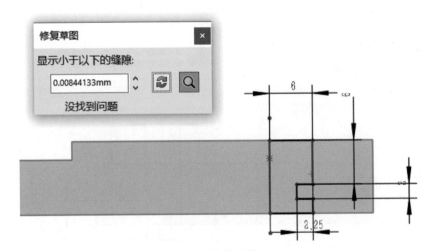

图 4-25 修复后提示

如图 4-26 所示，在交点处，存在有三条线相交的错误，系统将弹出"修复草图"对话框。

比"修复草图"中指定的最大缝隙值小的草图绘制实体缝隙或重叠、三个或多个实体共享的点，这些类型的错误，可以在草图上进行修复。

如果已更新了草图，单击【刷新】来验证是否已修复了先前的错误或查找是否存在新错误。单击【隐藏放大镜】切换放大镜以高亮显示草图中的错误。

模型局部改变时，为了减少运算量，可以针对变

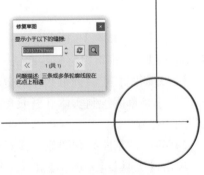

图 4-26 修复草图对话框

动的尺寸使用重建模型，但若模型重建后出现没有更新的情况，可使用【强制重新生成】对模型的所有特征进行一次重建，使用快捷键【Ctrl+Q】可实现强制重新生成。

任务实施

视频 4-3

根据图 4-1 所示的视图，完成打磨单元轮毂支撑定位盘的建模。

步骤 1　新建零件，使用 part 模板创建一个新的零件。

步骤 2　选择上视基准面，绘制草图 1 所示正方形，并完成拉伸凸台，如图 4-27 所示。

步骤 3　选择上表面，绘制如图 4-28 所示的草图，并完成拉伸切除。

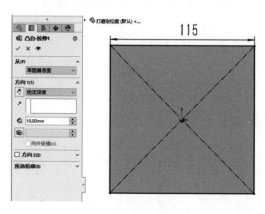

图 4-27　草图及凸台特征

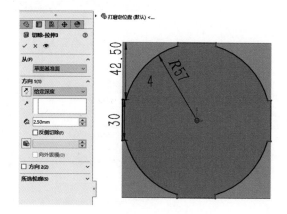

图 4-28　拉伸切除一

步骤 4　绘制如图 4-29 所示的草图，完成拉伸凸台。

步骤 5　绘制如图 4-30 所示的草图，完成拉伸切除。

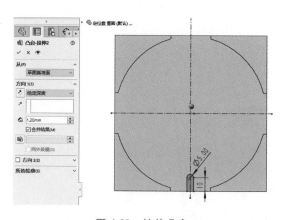

图 4-29　拉伸凸台

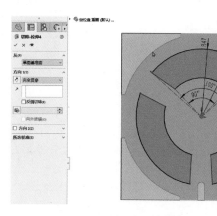

图 4-30　拉伸切除二

步骤 6　创建如图 4-31 所示的基准面 1。

步骤 7　在基准面上绘制草图，如图 4-32 所示。

步骤 8　完成草图的旋转切除，如图 4-33 所示。

步骤 9　完成孔的圆周阵列，如图 4-34 所示。

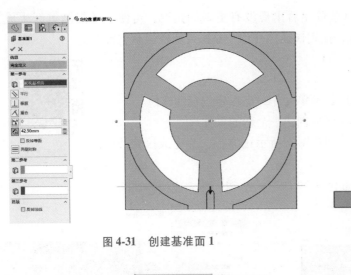

图 4-31　创建基准面 1

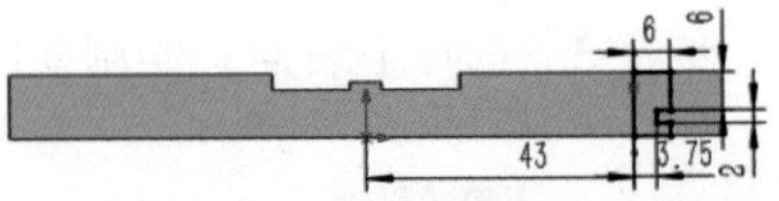

图 4-32　切除孔的草图

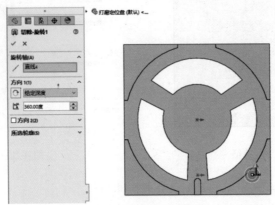

图 4-33　旋转切除

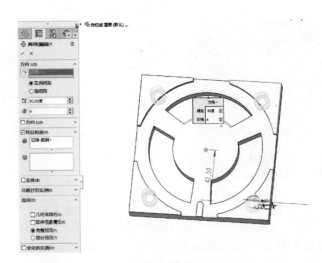

图 4-34　孔阵列

步骤 10　完成圆角特征，如图 4-35 所示。

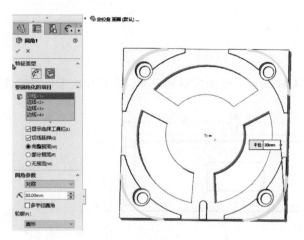

图 4-35　圆角特征一

步骤 11　完成圆角特征，如图 4-36 所示。

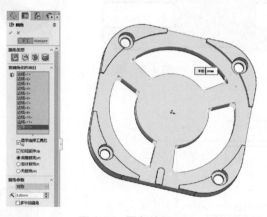

图 4-36　圆角特征二

步骤 12　完成倒角特征，如图 4-37 所示。
步骤 13　完成零件建模，如图 4-38 所示。

图 4-37　倒角特征

图 4-38　完成建模

任务训练

练习 4-1

根据图 4-39～图 4-41 所示零件的信息和尺寸，完成相应零件的建模。

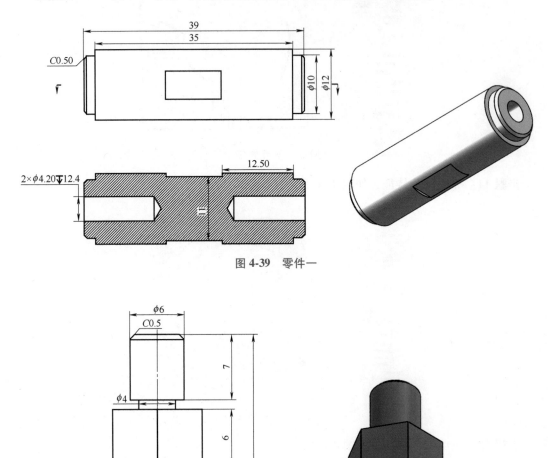

图 4-39 零件一

图 4-40 零件二

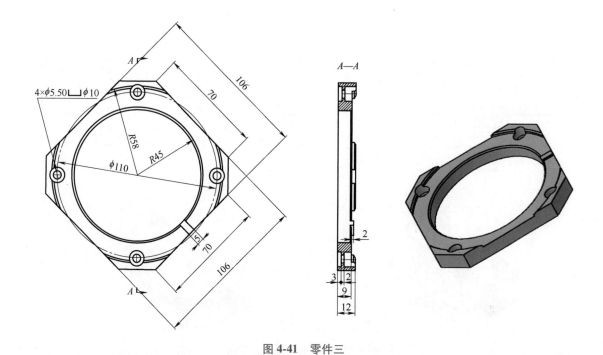

图 4-41　零件三

任务 2　工业机器人打磨单元零件属性

学习目标

知识目标：掌握常用零件材质的选择，了解评估工具集的功能，熟悉零件设计库。

技能目标：熟练选择零件的材质，使用工具集对零件进行评估，熟练使用零件设计库。

素质目标：提升一丝不苟、实事求是的工作精神和严谨的学习态度。

任务要求

根据图 4-42 所示的视图，完成打磨单元夹紧支撑块零件的建模，并完成零件材质的选择，评估零件的相关属性。

任务分析

在零件建模的过程中，需要对零件选取材质，进行质量属性、测量、性能评估等。在建模中也会经常用到一些可重复使用、标准的部件和零件，可以充分利用设计库的功能，来提高设计效率。

一、材质

1. 材质的选用

零件模型的材质封装了零件实体的物理特性和外观特性，例如零件的密度、重量、光泽等。零件建模过程中可以进行材质的选用和更改。通过【材料】来生成、编辑、自定义材

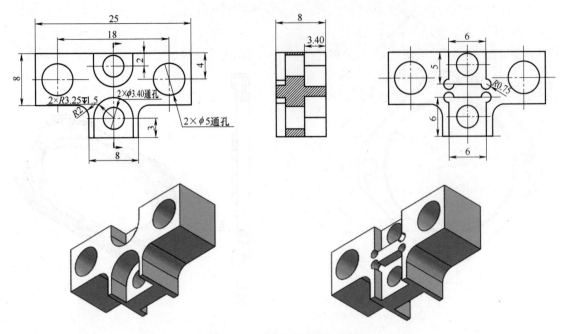

图 4-42　打磨单元夹紧支撑块

料或库，设置管理材料的常用类型。SOLIDWORKS 提供一个预定义材料库，可以为零件实体配置材料。

　　打开打磨定位盘零件，在设计树中的【材质】上单击鼠标右键，弹出的快捷菜单中选择【编辑材料】，系统弹出如图 4-43 所示的对话框。

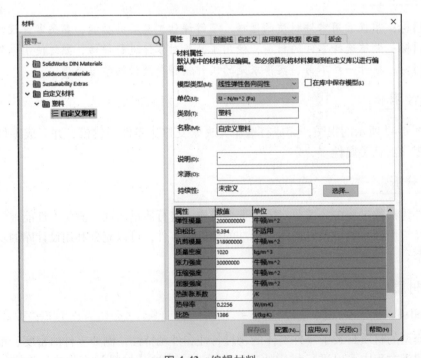

图 4-43　编辑材料

【材料】对话框左侧包含可用材料类型和材料树。右侧的标签显示有关选定材料的信息。如果添加了 SOLIDWORKS Simulation，将会显示更多选项卡。例如，在该对话框中选择所需的材料，选择 "SolidWorks materials/钢/合金钢"，选择后在右侧的属性栏中会列出所选材料的相关特性参数。选择完所需材料，右侧有所选材料的属性、外观等标签，如图 4-44 所示，单击【应用】、【关闭】，完成材质的赋予，系统会同步更新模型的外观特性及其他有关联的特性。

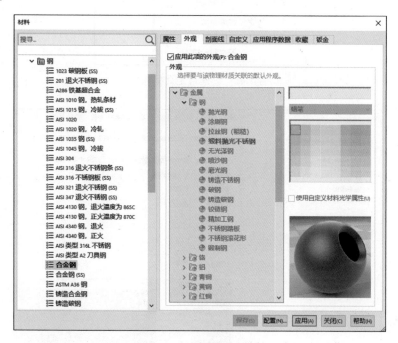

图 4-44　材料属性对话框

2. 材料的自定义

系统所带材料有限，且系统自带的材料参数无法修改，若没有匹配的参数选项，可根据需要自定义材料。自定义材料可通过添加自定义材料库的形式实现，SOLIDWORKS 中的自定义材料库以文件形式存在，每一个材料库均对应着一个文件，通过【选项】/【系统选项】/【文件位置】/【材质数据库】添加文件所在的文件夹。自定义材质可以通过以下步骤完成：

在设计树中的【材质】上单击鼠标右键，弹出的快捷菜单中选择【编辑材料】，进入【材料】对话框。在左侧树状结构中，通过单击鼠标右键，新建【新库】或者【新类别】，如图 4-45 所示。在【新类别】下，新建【新材料】，命名后，在右侧属性框中，添加新材料对应的属性，如图 4-46 所示。

二、评估

在 SOLIDWORKS 中，【评估】是一个工具集，通过各种工具从各个维度对模型进行评估。包括【测量】、【质量属性】、【剖面属性】、【传感器】、【性能评估】等工具。设计过程中选择合适的评估工具及时评估当前模型，是减少设计错误、提高效率的有效手段。

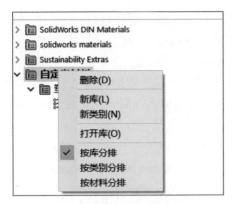

图 4-45 创建自定义材料库

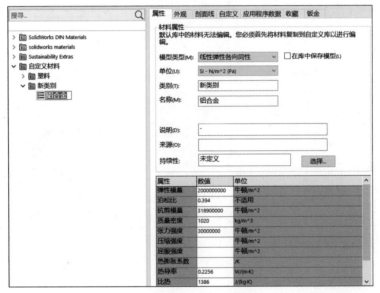

图 4-46 新材料属性设置

1. 测量

【测量】是在草图、模型、装配体或工程图中测量距离、角度和半径。单击【评估】/【测量】，系统弹出图 4-47 所示对话框，根据所选对象的不同，系统会列出不同的测量结果。图 4-47 中选择了两条平行线，测量结果自动显示出两线之间的距离和线的长度，当要测量两个圆之间的距离时，单击选择对话框中的【圆弧/圆测量】，在下拉列表中选择测量模式，在图中选择单击选择两个圆周，相关测量数值即显示在对话框中，如图 4-48 所示。当所选的对象不合理时，系统会提示"所选的实体为无效的测量。"

【测量】对话框是驻留对话框，可以不关闭对话框而切换不同的模型文件，被激活的文件名会出现在对话框的顶部，进行测量时，单击一下对话框即可。

2. 质量属性

【质量属性】是根据模型几何体与材料信息计算模型的质量、体积、表面积、重心、惯性矩等属性的功能。【质量属性】在零件和装配体中都可以使用。

单击【评估】/【质量属性】，系统弹出图 4-49 所示对话框。

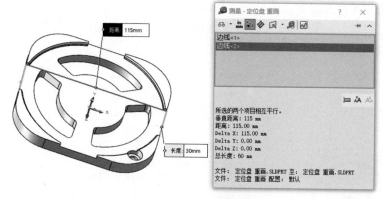

图 4-47　平行线测量对话框

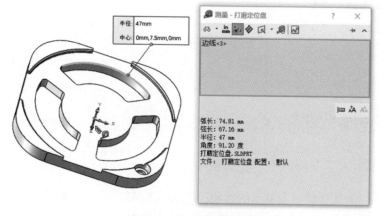

图 4-48　圆弧测量对话框

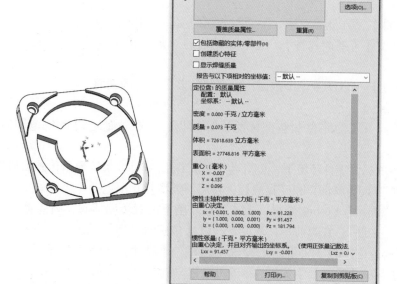

图 4-49　质量属性

139

【选项】用于更改测量数值的单位、精度等。

【覆盖质量属性】可以用输入值覆盖测量值，并使这些输入值参与到后续运算中，如图 4-50 所示，根据需要选择要覆盖的属性值即可。

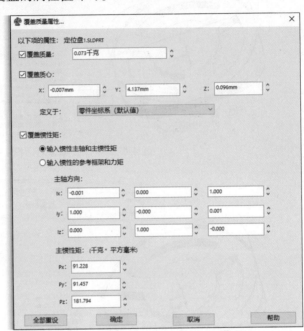

图 4-50　覆盖质量属性

【质量属性】默认计算当前显示的对象，不包括隐藏对象。如果需要包括隐藏对象，在【质量属性】对话框中勾选【包括隐藏的实体/零部件】选项。对于多实体零件或装配体，当只想查看其中某个对象的质量属性时，在设计树中选中该对象，单击【评估】/【质量属性】，即可仅查看该对象的质量属性。

3. 剖面属性

【剖面属性】用于测量草图、平面、剖面的面积与重心等属性值。

单击【评估】/【剖面属性】，选择需评估的对象，单击【重算】，测量结果对话框如图 4-51 所示。

【截面属性】可以测量单个截面，也可测量多个平行的剖面。

4. 传感器

【传感器】可监测零件和装配体的设计数据，并在数值超过设定范围时发出相应的提醒。

在立体仓库托盘零件环境下，单击【评估】/【传感器】，系统弹出传感器属性管理器，包括【传感器类型】、【属性】和【提醒】。【传感器类型】选项包括"质量属性""Simulation 数据""尺寸""测量"Costing 数据。当在装配环境下设置传感器时，则传感器类型选项还有"干涉检查""接近"。在当前零件环境下，以【传感器类型】系统默认选择的"质量属性"和【属性】默认选择的"质量"来设置传感器。【属性】栏下方显示了当前模型的质量，勾选【提醒】，在【大于】下方输入"0.077"，如图 4-52 所示。确定设置后，在立体仓库托盘的设计树中可见设置好的关于质量的传感器，如图 4-53 所示。

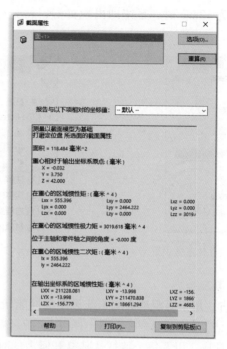

图 4-51 剖面属性

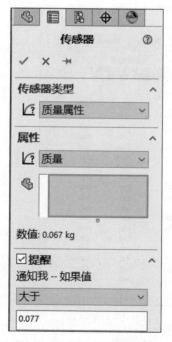

图 4-52 质量传感器属性设置

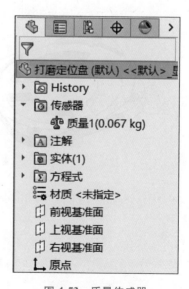

图 4-53 质量传感器

　　可以对模型设置多个传感器，在参数化设计过程中，传感器对模型的修改进行监测，当所监测值超出设定范围，则会及时提示提醒，尤其对一些关键尺寸、零件的配合、强度的校核等方面的监控，如图 4-54 所示。当设置打磨定位盘厚度的尺寸传感器提醒值为 10mm 而设计实际度值为 12mm 时，系统即出现提醒，将光标移至提醒上会弹出具体提醒内容，如图 4-55 所示。

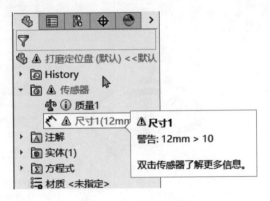

图 4-54　尺寸传感器设置　　　　　　　　　　图 4-55　传感器提醒

5. 性能评估

【性能评估】用于直观地查阅当前模型的性能状况。

单击【评估】/【性能评估】，弹出图 4-56 所示对话框，其中列出了当前模型的特征细节，包括特征顺序，以及每个特征从其打开所占的时间比及所用时间。性能评估可以看出仓库托盘这个零件模型主要的性能瓶颈，这可作为进一步优化零件建模的一个参考。

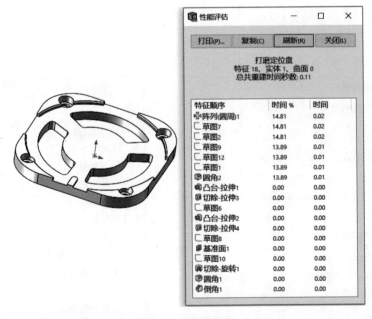

图 4-56　性能评估

三、设计库

标准化、模块化设计是一种高效低成本的设计方式，产品设计中应尽量减少自制件的数量，使用一些可重复使用的部件和零件，采用更多的标准件、企业常用件和外购件。SOLID-

WORKS 的设计库为用户提供了存储、查询、调用常用设计数据和资源的空间。其中包括 Design Library、Analysis Library、Toolbox 以及 SOLIDWORKS 内容，如图 4-57 所示。

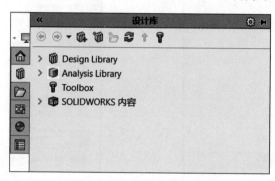

图 4-57　SOLIDWORKS 设计库

（1）Design Library（设计库）　建模时，有些库特征具有可重复使用的特点，例如轮毂零件，对应于不同系列的汽车，可以采用一个轮毂的轮缘轮圈尺寸和特征方案，来配合不同造型轮辐的方案，此时便可将轮缘轮圈保存为库特征，在其他建模时直接重复使用该库特征，能够提高该类零件的设计效率。Design Library 包含注解、部件、特征、钣金成型工具、运动特征、零件、管线零件、智能零件 8 大子类设计库，根据设计所需使用相应的设计库。

（2）Analysis Library（分析库特征）　分析库特征是一种常用的分析特征，例如载荷/约束、接触条件等。某些适合重复应用在其他类似模型中定义的分析库项目，将其创建后，可将它们保存在库中使用。

Analysis Library 提供了一种定义最常用分析特征的方法，可用来分析特定的设计环境或操作条件，包括环境、案例、导入、支持。

（3）Toolbox　在建模和装配过程中，一些垫圈、轴承、螺钉等标准件的建模可以利用 SOLIDWORKS 的 Toolbox 来进行快捷的建模。Toolbox 包含丰富的标准件库，是集成在 SOLIDWORKS 中的功能插件，安装 SOLIDWORKS 时，可选择安装，安装配置后，在 SOLID-WORKS 中通过简单拖曳、修改即可完成标准零件的调入、装配，Toolbox 也提供定制标准件功能，满足企业自身对产品标准化设计的要求，实现企业对标准零件或常用零件的高效使用，简化设计流程。

SOLIDWORKS Toolbox 数据库，其中包含所支持标准的零件文件、标准件信息以及配置等。用户使用其中的零部件，Toolbox 会自动生成相关零件并添加该配置的信息。

Toolbox 向下展开有收藏夹和标准文件夹。标准文件夹下可依次展开零件类别以及零部件的类型，以下示例生成工件标准直径为 65mm 的孔用弹性挡圈。单击 SOLIDWORKS 任务窗格中的【设计库】选项，在设计卡中依次单击 Toolbox/GB/垫圈和挡圈/挡圈，在任务窗中同时显示零部件的图像和说明，如图 4-58 所示。右键孔用弹性挡圈 GB/T 893.1—2017，单击生成零件，如图 4-59 所示，在 PropertyManager 中配置具体参数，在【属性】/【大小】中填写 65，即完成零件的生成，如图 4-60 所示。

Toolbox 支持国际标准，包括：ANSI、AS、GB、BSI、CISC、DIN、GB、ISO、IS、JIS 和 KS。GB 标准下包含○形环、垫圈和挡圈、动力传动等。

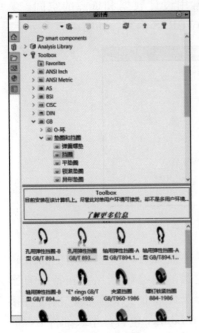
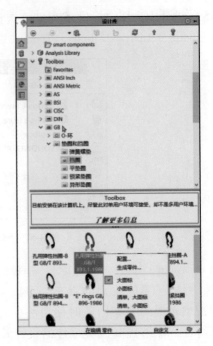

图 4-58　对话框　　　　　　　　　　　图 4-59　选择零件

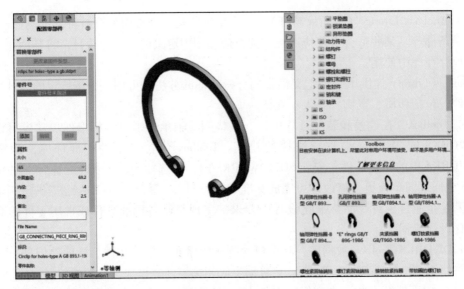

图 4-60　生成零件

　　如果 Toolbox 标准件中没有所需零件的规格，则可以通过 Toolbox 的配置来自定义标准件。在设计库任务窗格上方单击【配置 Toolbox】图标，或者沿路径依次单击计算机【开始】/【SOLIDWORKS2020 工具】/【Toolbox2020 设置】，在弹出的菜单中，选择标准件，在【标准属性】中，单击"+"号，在弹出的【添加新的大小】对话框中添加参数，即生成自定义标准件，如图 4-61 所示。

　　对于经常使用的标准件，可以将其保存在 Toolbox 的收藏夹中。

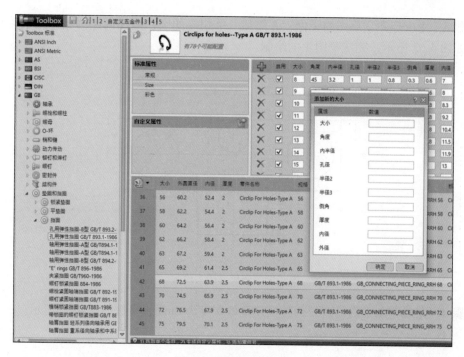

图 4-61　自定义标准件

右键选择 Toolbox 树状图下的收藏夹文件夹，单击新建文件夹，键入该子文件夹的名称。新文件夹将显示在收藏夹文件夹下，并在本地计算机上的以下位置创建：\Users\username\AppData\Roaming\SOLIDWORKS\SOLIDWORKSrelease\Toolbox\Favorites。在 Toolbox 库中按照标准、类别和类型，找到具体零件，选择该零件将其拖动到新建的子文件夹中即完成收藏。

（4）个性配置设计库　用户可以配置设计库。采用文件夹方式管理，根据实际设计需要，建立相应类型设计库的文件夹，并且支持多层级文件夹管理。纳入设计库的零件或者部件需要设计方谨慎建立。SOLIDWORKS 自带的设计库默认存放在 C：\ProgramData\SolidWorks\SOLIDWORKS 2020（2020 版本）文件夹下，可将设计库存放位置根据需要修改为其他位置。单击【添加文件位置】，可以指定新生成设计库的位置。

任务实施

根据图 4-42 所示的视图，完成打磨单元夹紧支撑块零件建模的主要步骤如下：

步骤 1　新建零件，使用 part 模板创建一个新零件。

步骤 2　选择上视基准面，绘制如图 4-62 所示的草图形状。

视频 4-4

图 4-62　绘制草图

步骤 3 完成步骤 2 草图的镜像，并添加两个相等的圆，添加两组圆相等约束关系，其它尺寸如图 4-63 所示，完成草图 1 的绘制。

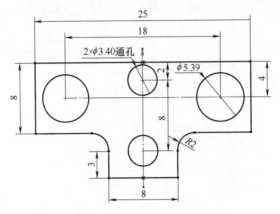

图 4-63 完成草图 1 绘制

步骤 4 完成草图 1 的凸台拉伸特征，拉伸深度为 8mm，参数如图 4-64 所示。

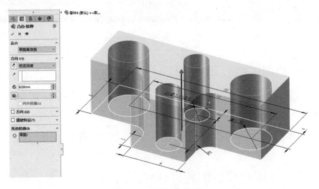

图 4-64 拉伸凸台

步骤 5 选择上视基准面绘制草图，其中两个圆弧和前面步骤的圆为同心，参数如图 4-65 所示。

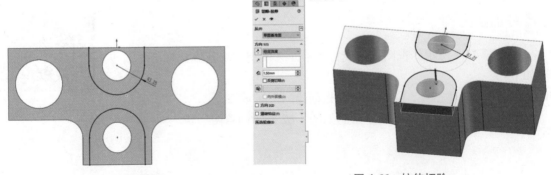

图 4-65 绘制草图　　　　　　　　　　　图 4-66 拉伸切除

步骤 6 完成步骤 5 所示草图的拉伸切除，切除深度为 1.5mm，参数如图 4-66 所示。

步骤 7 正视零件的背面，绘制草图，其中边长为 6mm 的正方形中心与圆的圆心重合，长边为 6mm 的长方形与圆的圆心重合，如图 4-67 所示。

步骤 8   按图样要求，对草图进行草图进行裁剪，结果如图 4-68 所示。

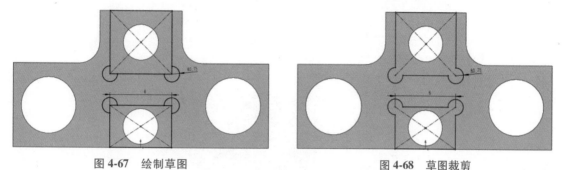

图 4-67   绘制草图   图 4-68   草图裁剪

步骤 9   对草图进行拉伸切除，切除深度为 3.4mm，参数如图 4-69 所示。

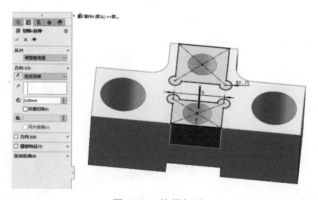

图 4-69   拉伸切除

步骤 10   选取零件材质。

在设计树中的【材质】上单击鼠标右键，弹出的快捷菜单中选择【编辑材料】，如图 4-70 所示。在弹出的材料对话框中选择"SOLIDWORKS materials/铝合金/6061 合金"，如图 4-71 所示，单击【应用】、【关闭】，完成选材，模型的外观特性及其他有关联的特性会同步更新，完成零件建模，如图 4-72 所示。

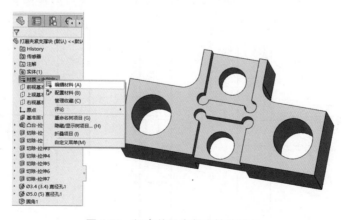

图 4-70   打磨单元夹紧支撑块零件

147

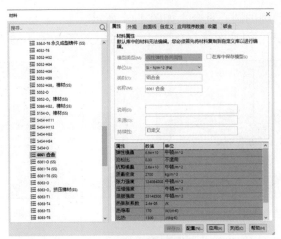

图 4-71　选择材质

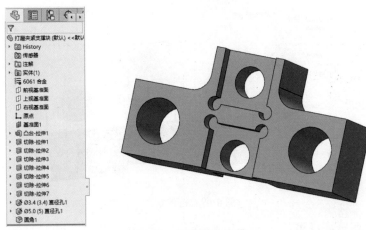

图 4-72　完成零件建模

任务训练

练习 4-2

根据图 4-73、图 4-74 所示零件的信息和尺寸，完成相应零件的建模。

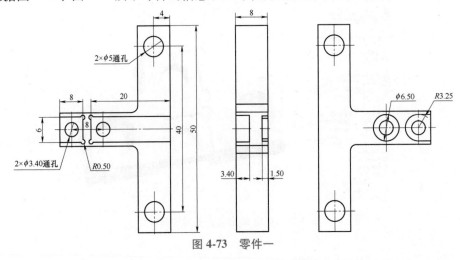

图 4-73　零件一

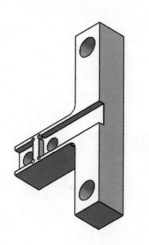
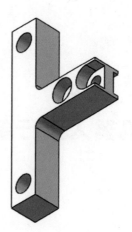

图 4-73　零件一（续）

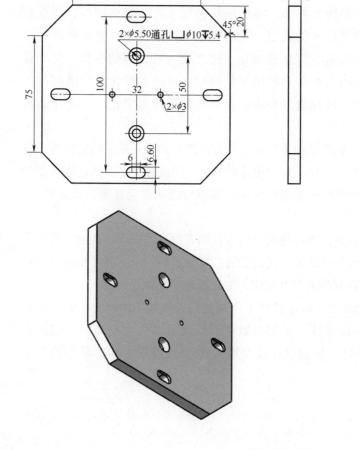
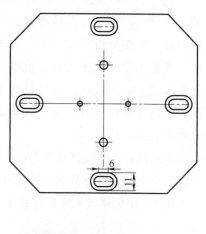
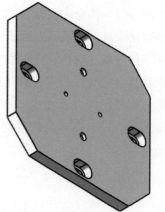

图 4-74　零件二

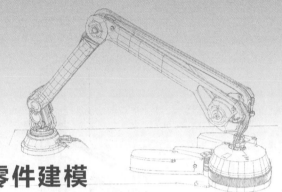

项目5

工业机器人执行单元零件建模

项目情境

设计工程师在研发产品时，零件设计模型的建立速度是决定整个产品开发效率的关键。零件的标准件有多种规格，产品研发初期，零件形状和尺寸有一定模糊性，要在装配验证、性能分析和加工工艺分析之后才能确定，这就希望零件模型具有易于修改的柔性。参数化设计方法就是将模型中的定量信息变量化，使之成为可调整的参数。对变量化参数赋予不同数值，就可得到不同大小和形状的零件模型。通过参数化设计既可以实现产品的批量化生产，又可以满足个性化设计要求，是推动制造业数字化、智能化转型升级的有效途径。

工业机器人搬运打磨工作站中，制造者们希望搬运设备能拥有人手一样灵巧的特质，这样，整个生产过程会被更灵活地掌控，实现更加智能化的制造。因此打磨工作站选用典型的6自由度工业机器人来满足所有生产中搬运姿态的要求，完成轮毂的搬运任务，让柔性化、智能化的生产成为可能。

本项目以立体仓库托盘为学习任务，通过使用全局变量和方程式建立设计规则，实现零件的参数化设计。以机器人的基座为学习任务，通过配置，实现在同一个文件中生成多个设计，在零件的尺寸规格、特征等参数方面表现出变化，生成系列零部件。

设计具有迭代性，在设计工业机器人搬运打磨工作站之初，一些零件及与其装配使用的其他零部件的尺寸都相应具有不确定性，采用参数化设计便可以大大提高模型的生成和修改速度，并且在产品的系列设计、相似设计及专用CAD系统开发方面都具有较大的应用价值。

学习导图

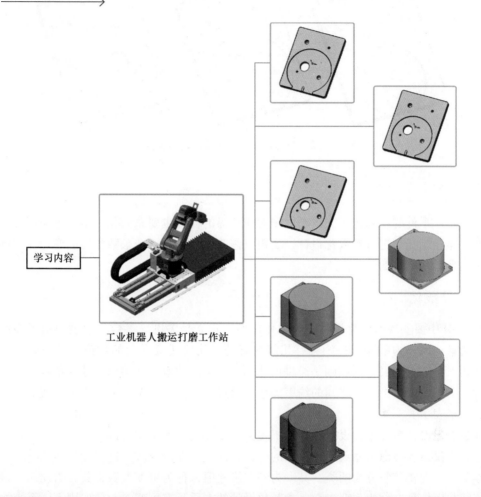

学习内容

工业机器人搬运打磨工作站

任务 1　立体仓库托盘的参数化设计

学习目标

知识目标：理解参数化的概念，掌握创建方程式关联参数的方法。

技能目标：使用参数化设计方法对零件进行建模。

素质目标：树立创新意识，培养改革创新的责任感，勇做改革创新的生力军。

任务要求

在立体仓库托盘的建模过程中，利用全局变量和方程式，结合 if 判断语句，创建参数化驱动方程。在设计过程中，通过修改轮毂型号来改变托盘模型中的凹槽形状及定位凸台的尺寸，使其能与不同型号的轮毂相匹配，实现参数化设计，提升建模效率，如图 5-1 所示。

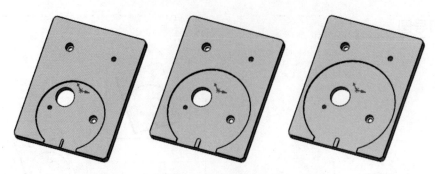

图 5-1　参数化驱动的立体仓库托盘的 3 种型号

📋 **任务分析** ➡️

对于轮毂零件的系列化，立体仓库中对应托盘的设计也要系列化。本任务利用方程式的方式对立体仓库托盘进行参数化设计，实现只修改轮毂型号一个参数就能改变托盘凹槽形状和定位凸台尺寸的目的。

一、参数化

在 CAD 中要实现参数化设计，参数化模型的建立是关键。参数化模型表示了零件图形的几何约束、尺寸约束和工程约束。几何约束是指几何元素之间的约束关系，如平行、垂直、相切、对称等；尺寸约束则是通过尺寸标注表示的约束，如距离尺寸、角度尺寸、半径尺寸等；工程约束是指尺寸之间的约束关系，通过定义尺寸变量及它们之间在数值上和逻辑上的关系来表示。

在参数化设计系统中，设计师根据工程关系和几何关系来制定设计要求。要满足这些设计要求，不仅需要考虑尺寸或工程参数的初值，而且要在每次改变这些设计参数时来维护这些基本关系，即将参数分为两类：其一为各种尺寸值，称为可变参数；其二为几何元素间的各种连续几何信息，称为不变参数。参数化设计的本质是在可变参数的作用下，系统能够自动维护所有的不变参数。因此，参数化模型中建立的各种约束关系，正是体现了设计师的设计意图。

二、方程式

实际设计过程中，很多时候需要在尺寸之间建立关联，可是这个关联却无法通过使用几何关系或常规的建模技术来实现。此时可以使用【方程式】建立模型中尺寸之间的数学关系，以保持两者之间确定关系，从而保证关联修改的正确性，提高编辑修改的效率并有效减少错误。

【方程式】默认不出现在 FeatureManager 设计树中，可以在【工具】/【选项】/【Feature-Manager】中将【方程式】改为显示状态，如图 5-2 所示。

1. 因变量与自变量的关系

SOLIDWORKS 中方程式的形式为：因变量 = 自变量。例如，在方程式 A = B 中，系统由尺寸 B 求解尺寸 A，用户可以直接编辑尺寸 B 进行修改尺寸 A。一旦方程式写好并应用到模型中

图 5-2   显示【方程式】项目

之后，尺寸 A 就不能直接修改了，系统只能按照方程式控制尺寸 A 的值，因此在开始编写方程式之前，应该决定用哪个参数驱动方程式（自变量），哪个参数被方程式驱动（因变量）。

2. 创建一个方程式

如果在草图绘制过程中需要创建尺寸关联，只需在要添加方程式的尺寸上双击鼠标左键，在弹出的【修改】对话框中输入"＝"替代原有尺寸，如图 5-3 所示，修改右下角斜线的横向尺寸。根据需要在草图中单击方程中需要参考的目标尺寸，此时该参考尺寸的变量名会出现在对话框中，例如选择右下角斜线的纵向尺寸为参考尺寸，再输入方程式，如"＊0.75"，如图 5-4 所示。输入方程式后，单击【确定】按钮退出【修改】对话框，此时尺寸前会出现红色的"Σ"标识，表示该尺寸是由方程式所驱动，如图 5-5 所示，此时该斜线的横向尺寸就受纵向尺寸所驱动，两者的尺寸关系是 0.75 倍关系，只要修改该线纵向尺寸，斜线的横向尺寸就会根据已设定的数学关系自动发生相应变化。

如需修改该方程式，可在该尺寸上双击鼠标左键，在弹出的【修改】对话框中进行修改即可。如需删除该方程式，则在【修改】对话框中删除"＝"即可。

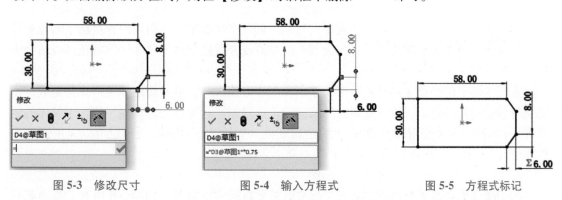

图 5-3   修改尺寸　　　　　　图 5-4   输入方程式　　　　　　图 5-5   方程式标记

如果建模过程中使用了大量的方程式，可通过【管理方程式】命令进行统一管理。在设计树的【方程式】上单击鼠标右键，选择【管理方程式】选项，或单击下拉菜单【工具】，选择方程式图标 Σ 方程式(Q)...，系统出现【方程式、整体变量及尺寸】属性管理器。在该对话框中可以对方程式进行编辑管理，如图 5-6 所示。

方程式	
"D1@草图3"	= "d1"
"D4@草图3"	= "d2"
"D3@草图3"	= "P" * 0.5
"D3@螺旋线/涡状线1"	= "L"
"D4@螺旋线/涡状线1"	= "P"
"D2@草图1"	= "L"
"D16@草图1"	= "d"

图 5-6　管理方程式

3. 全局变量

如果该模型具有影响全局的参数，可以通过定义【全局变量】进行设定，系统会通过创建一系列的等式，来表示这些尺寸被设置为同一个【全局变量】。此时改变该【全局变量】的值将会改变所有相关的尺寸值，这样可以做到"牵一发而动全身"，实现模型的快速修改，如图 5-7 所示。

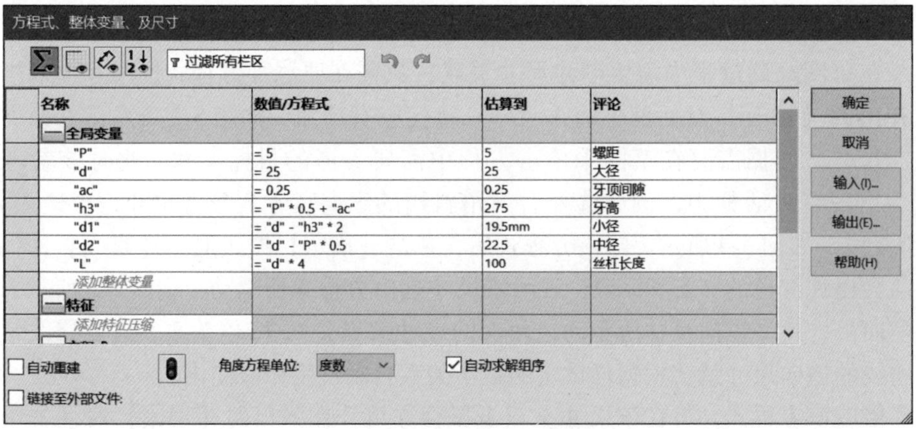

图 5-7　设置全局变量

全局变量是独立的，可以设置为任何数值。创建全局变量时，由用户直接给定名称和数值。全局变量可以用于驱动尺寸，作为唯一的数值或者直接应用于尺寸。同时还可以结合方程式一起使用。

方程式用于建立尺寸之间的数学关系。在创建方程式时，可以使用标准运算符函数。系统支持包括四则运算、三角函数在内的大部分运算规则。运算符的运算顺序依赖于具体的运算种类，同时函数的值依赖于等式中的全局变量。文件属性和测量同样也可以运用创建方程式。

4. 重命名特征和尺寸

为了能够更好地区分和识别某一个尺寸，需要将尺寸重命名。如图 5-8 所示，重命名后的尺寸"小径""中径"和默认标注名称"D1""D4"相比就很好区分。因此在使用

【全局变量】和【方程式】时，重命名尺寸也会使得尺寸更加容易识别。

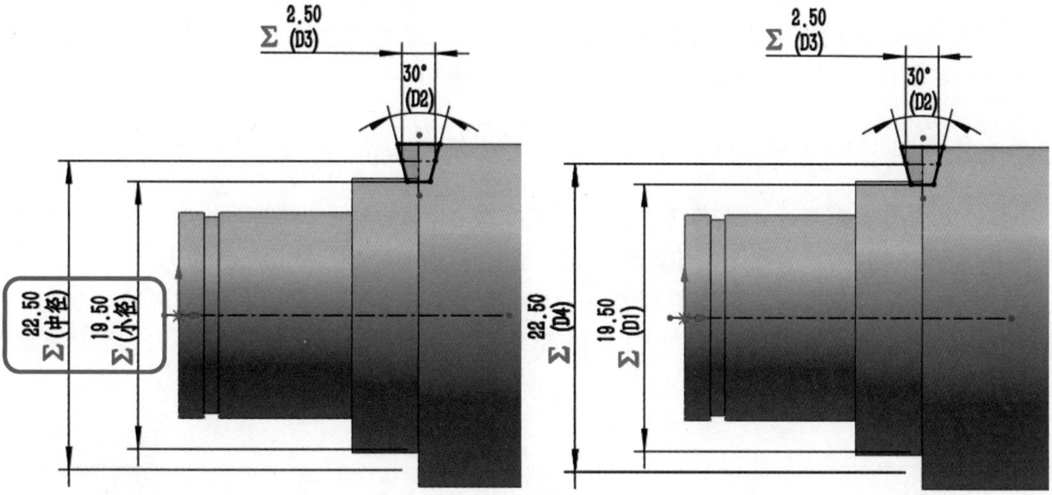

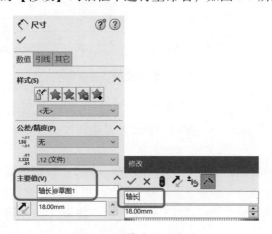

图 5-8　重命名后的尺寸名称与默认标注名称对比

尺寸全名包括两部分，一个是尺寸本身的名字，另一个是特征或者草图的名字，例如 D3@ 草图 1。在使用【全局变量】和【方程式】时尺寸会以全名的方式显示，将这两部分名称分别重命名会很方便识别。

（1）尺寸名称格式　尺寸全名是由系统自动按照名称@ 特征名格式创建的，例如 D3@ 草图 1、D1@ 圆角 2。

默认尺寸名称在每个特征或草图中从 D1 开始，数字依次增加。默认草图名称从草图 1 开始，数字依次增加。默认特征名称以特定的特征种类开头，例如凸台-拉伸 1、切除-拉伸 1 或者圆角 1，数字依次增加。

（2）尺寸名称　尺寸全名中符号@ 之前的一部分是尺寸名称。单击需要修改的尺寸打开【尺寸】属性管理器，在【主要值】的尺寸名称栏中输入新名称即可修改原有名称，也可以双击尺寸，在弹出的【修改】对话框中进行重命名，如图 5-9 所示。

图 5-9　重命名尺寸名称

（3）草图或特征名称　尺寸全名中，符号@后的一部分是特征或者草图名称。草图或特征可以直接从 FeatureManager 设计树修改，选定后通过<F2>键或者再次单击的方式修改。

SOLIDWORKS 的方程式支持判断语句“if”，可通过判断语句进行尺寸赋值。除基本语句外，还支持语句与运算结合、语句嵌套等功能。例如：

```
"ac"=IIF("P"<=5,0.25,IIF("P">=6and"P"<13,0.5,IIF("P">=14,1,1)))
```

其涵义为当螺距 P 小于或等于 5 时，牙顶间隙 ac 为 0.25；当螺距 P 大于或等于 6 且小于 13 时，牙顶间隙 ac 为 0.5；当螺距 P 大于或等于 14 时，牙顶间隙 ac 为 1。

在参数化设计丝杠时，采用方程式、全局变量结合 if 判断语句，可以实现通过改变丝杠螺距的数值，让系统根据判断条件自动匹配牙顶间隙的数值，从而实现快速修改模型的目的。

任务实施

根据图 5-1 所示任务要求，立体仓库托盘的参数化设计步骤如下：

视频 5-1

步骤 1　创建全局变量。新建一个名为“立体仓库托盘.sldprt”的文件。在【方程式、整体变量及尺寸】属性管理器中创建如图 5-10 所示的 3 个全局变量。因定位凸台宽度这个全局变量“W”使用了 if 判断语句与轮毂型号“R”建立了关联，可在创建完成后修改“R”的数值大于或等于 20，观察“W”的数值是否会根据判断条件自动改变为数值 5，如图 5-11 所示。

名称	数值/方程式	估算到	评论
□ 全局变量			
"R"	= 17	17	轮毂型号
"D"	= "R" * 5.2	88.4	轮毂直径
"W"	= IIF ("R" >= 20,5,3)	3	定位凸台宽度

图 5-10　创建全局变量

名称	数值/方程式	估算到	评论
□ 全局变量			
"R"	= 22	22	轮毂型号
"D"	= "R" * 5.2	114.4	轮毂直径
"W"	= IIF ("R" >= 20,5,3)	5	定位凸台宽度

图 5-11　修改全局变量数值

步骤 2　生成托盘外形实体。在【上视基准面】上创建草图 1，绘制托盘的基本轮廓，如图 5-12 所示。使用【拉伸凸台/基体】特征，创建高度为 10mm 的托盘实体，如图 5-13 所示。

步骤 3　生成轮毂放置槽。在零件上表面创建草图 2，绘制放置轮毂时的凹槽草图。设置圆的直径为步骤 1 中创建的全局变量“D”，圆心距托盘下边线的距离为轮毂半径减去 1.5mm，凹槽前端宽度为轮毂半径，如图 5-14 所示。使用【拉伸切除】特征，创建深度为 2mm 的凹槽，如图 5-15 所示。

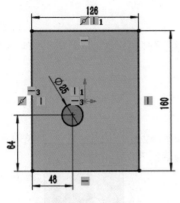

图 5-12   托盘草图 1

图 5-13   托盘实体

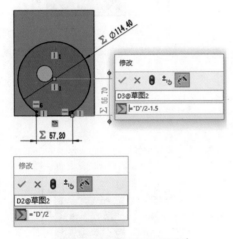

图 5-14   轮毂放置槽草图 2

图 5-15   轮毂放置槽实体

步骤 4   生成定位凸台。在凹槽上表面创建草图 3，绘制定位凸台草图，如图 5-16 所示。设置凸台宽度为步骤 1 中创建的全局变量 "W"，使用【拉伸凸台/基体】特征，创建高度为 1.2mm 的凸台，如图 5-17 所示。

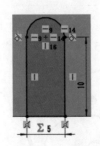

图 5-16   托盘草图 3

图 5-17   托盘实体

步骤 5   创建孔特征。利用【异型孔向导】分别创建两个 M5 六角螺栓柱形沉头孔和两个直径为 5mm 的通孔，孔的设置参数和位置信息分别如图 5-18 ~ 图 5-21 所示，生成的孔特征实体如图 5-22 所示。

图 5-18　M5 六角螺栓柱形沉头孔设置参数

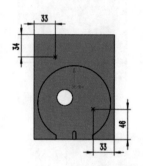

图 5-19　六角螺栓柱形沉头孔位置

图 5-20　通孔设置参数

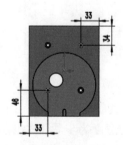

图 5-21　通孔位置

步骤 6　创建倒角及圆角。为托盘四个拐角创建半径为 5mm 的圆角，为上表面创建 0.5mm 的倒角，为定位凸台创建 0.3mm 的倒角，生成实体如图 5-23 所示。

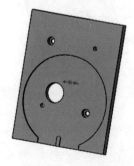

图 5-22　孔特征实体

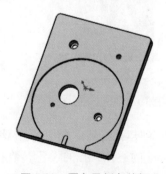

图 5-23　圆角及倒角特征

步骤 7　修改轮毂型号。在【方程式、整体变量及尺寸】属性管理器中将轮毂型号分别设置为 17 和 20，观察放置轮毂的凹槽形状及定位凸台尺寸的变化，如图 5-24 所示。

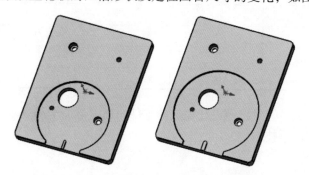

图 5-24　轮毂型号分别为 17 和 20 的模型对比

步骤 8　保存文件并关闭。

任务训练

练习 5-1

图 5-25 和图 5-26 为工业机器人搬运打磨工作站中控制机器人平移的**丝杠**和**螺母**零件，参考表 5-1 和图 5-27 制定一套全局变量的名称及计算公式，创建通过修改螺距一个参数可实现其余参数联动的参数化设计，实现丝杠与螺母配套使用的目的，也掌握标准零件的参数化设计思路。

图 5-25　丝杠模型

图 5-26　螺母模型

表 5-1　梯形螺纹计算公式表

名称	代号	计算公式			
牙型角	α	$\alpha = 30°$			
螺距	P	由螺纹标准确定			
牙顶间隙	a_c	P	$1.5 \sim 5$	$6 \sim 12$	$14 \sim 44$
		a_c	0.25	0.5	1
外螺纹	大径	d	公称直径		
	中径	d_2	$d_2 = d - 0.5P$		
	小径	d_1	$d_1 = d - 2h_3$		
	牙高	h_3	$h_3 = 0.5P + a_c$		

（续）

名称	代号	计算公式
内螺纹	D_4 大径	$D_4 = d + 2a_c$
	D_2 中径	$D_2 = d_2$
	D_1 小径	$D_1 = d - p$
	H_4 牙高	$H_4 = h_3$

本训练的主要任务是针对已经设计完成的零件，通过添加全局变量和方程式，实现零件的参数化设计。应用以下技术：

- 创建全局变量
- 创建方程式
- 创建外螺纹和内螺纹

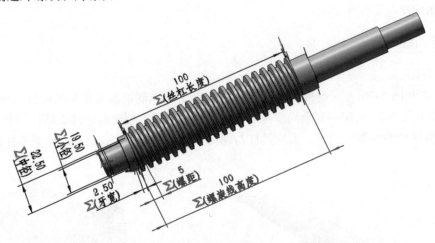

图 5-27　丝杠参数化建模

任务 2　工业机器人基座的配置

学习目标

知识目标：掌握使用配置表示一个零件不同版本的方法、利用配置改变零件尺寸的方法、利用配置压缩或解除压缩特征的方法。

技能目标：熟练使用配置生成不同版本、改变零件尺寸、压缩或解除压缩特征。

素质目标：加强职业道德和职业规范，提升职业素养。树立学生的安全意识、标准意识和规范意识。

任务要求

通过配置特征和配置尺寸，为已经设计完成的机器人基座创建 4 个配置，实现在同一个文件中能够表示该零件在加工前后以及尺寸修改后对应的不同版本，如图 5-28 所示。

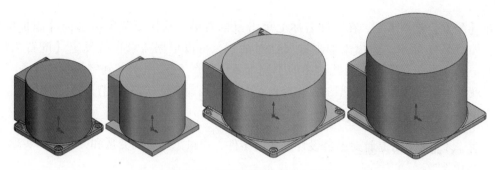

图 5-28　机器人基座的 4 个配置

📋 **任务分析**

　　配置是指同一个文件中的零件或装配体的多个设计变化。变化可能包括不同的尺寸、特征和属性，表示出的不同版本，将这些版本、规格在同一文件中体现，就是配置的一种具体表现形式。例如，螺栓可以包含不同直径和长度的配置。机器人的各零部件设计完成后，随着工作空间范围、负载等条件的变化，会对原设计进行尺寸或特征方面的改型。为保留原有设计，方便进行改型前后不同版本间的对比，可以使用 SOLIDWORKS 软件中的配置功能来进行改型设计，零件和装配体都可以创建配置，工程图本身没有配置，但可以在工程视图中显示模型的不同配置。

　　例如通过修改零件的尺寸，压缩加工圆角特征等配置，可以得到如图 5-29a 所示的两个大臂外壳的大体形状。配置一个特征或尺寸意味着在配置的基础上进行更改。配置名称用来在同一零件中区分不同的多个配置。图 5-29b、d 为压缩倒角特征的配置，图 5-29c、e 为解除压缩倒角特征的配置；对于一个尺寸，其数值也可以通过配置来更改，如图 5-29a、b 中的臂长尺寸比图 5-29d、e 中的长。

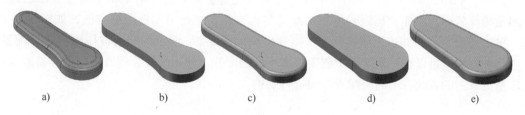

　　a)　　　　　　　　b)　　　　　　　　c)　　　　　　　　d)　　　　　　　　e)

图 5-29　机器人大臂的配置

　　配置管理器（ConfigurationManager）和 FeatureManager 设计树在同一个窗口中，用户可以通过窗口顶部的选项来切换窗口的显示内容。单击配置管理器选项 🔢，窗口中会显示带有默认的配置列表。默认状态下配置的名称是"默认"。这个配置是建模时创建的零件——没有任何改变或压缩。当想切换回设计树显示时，单击设计树选项 🔧。很多情况下，如果能够同时显示 FeatureManager 设计树和配置管理器就能提高工作效率。可以从窗口的顶部向下拖动分割条，将窗口分为两部分，通过窗口顶部的按钮，来控制每个窗口的显示内容，如图 5-30 所示。

1. 添加配置

在【配置】选项卡下，在零件名称上单击鼠标右键，从快捷菜单中选择【添加配置】命令，如图 5-31 所示，弹出添加配置属性对话框，可以根据需求自行设定【配置名称】、【说明】，用于区分在零件或装配体中的不同配置，如图 5-32 所示。确定添加一个配置后，该配置就处于激活状态，对模型的操作修改都是针对当前激活状态的配置进行的。

图 5-30 配置管理器图

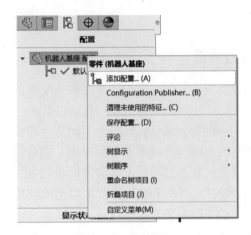

图 5-31 添加配置

对配置内容的变化可通过建模的方式进行，也可以通过压缩特征等快速进行配置。

2. 配置特征

在 FeatureManager 设计树中，鼠标右键单击"圆角"特征，从快捷菜单中选择【配置特征】命令，如图 5-33 所示，绘图区中弹出【修改配置】对话框，对话框中对应显示已选择的圆角特征名称，添加"压缩圆角"的配置名称，并在该行中勾选压缩方框，如图 5-34 所示，单击【确定】按钮退出编辑状态，则会生成如图 5-29c 所示的圆角被压缩的一种配置。采用这种方法就可以在一个零件中创建很多不同的配置，使用配置管理器可以很容易地通过鼠标左键双击的方式在不同的配置之间进行切换。

3. 配置尺寸

在设计树中双击需要配置的草图，图形区中会显示草图尺寸，选择机器人大臂长度尺寸单击鼠标右键，从快捷菜单中选择【配置尺寸】命令，如图 5-35 所示，绘图区中弹出【修改配置】对话框，对话框中对应显示已选择的草图尺寸，添加"臂长 270"的配置名称，将"草图 1"列里的数值改为 270，如图 5-36 所示，单击【确定】按钮退出编辑状态，则会生成如图 5-29b 所示的臂长较长的一种配置。利用配置尺寸，可以控制一个或多个尺寸数值，每个配置可以用来改变尺寸的不同值，通过切换配置方便体现同一个零件在不同尺寸下的状态。

4. 使用设计表创建配置

若配置尺寸或特征较多时，而且计算机中已经预装 Microsoft Office Excel 软件，可采用此方法综合配置各尺寸或特征，效率较高。

图 5-32　添加配置属性对话框

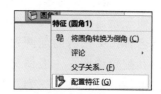

图 5-33　配置特征

图 5-34　修改配置

图 5-35　配置尺寸

图 5-36　修改配置

单击菜单栏中的【插入】按钮，在下拉列表中选择【表格】，在次级列表中单击选择【设计表】，如图 5-37 所示。选择表格来源为自动生成，单击【确认】按钮退出，如图 5-38 所示。绘图区中将会自动弹出 Excel 表格，其中包含了前期配置的所有信息，如图 5-39 所示。

图 5-37 调用【设计表】

图 5-38 生成【设计表】

设计表中第一行第一列为零件名称，第二行从第二列开始显示配置尺寸或配置特征的具体名称，第三行的前两列分别为配置名称和配置说明，一般情况下此两列的信息保持一致，从第三列开始显示各配置下的具体尺寸数值或压缩/解除压缩状态，其中状态列中"S"或"1"均表示该特征被压缩，"U"或"0"均表示该特征被解除压缩。尺寸列若不显示具体数值，可全选表格，右键选择【设置单元格格式】，将数字设为常规即可显示所有数值。

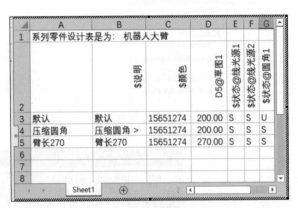

图 5-39 含有配置信息的设计表一

在第 6 行和第 7 行中分别创建"解除压缩圆角"和"臂长 200"两个配置，设置各列参数，如图 5-40 所示。在空白区域单击鼠标左键或单击图形区右上角【确定】按钮，退出编辑状态，系统弹出设置表生成配置的确认弹窗，如图 5-41 所示，单击【确定】按钮，系统会一次性生成图 5-29c 和图 5-29e 所示的两种配置。

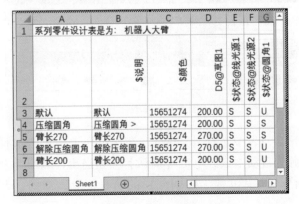

图 5-40 含有配置信息的设计表二

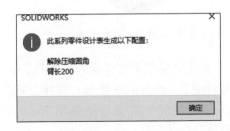

图 5-41 生成配置提示

任务实施

根据图 5-28 所示任务要求，机器人基座的配置操作步骤如下：

步骤 1　打开文件，激活配置管理器。打开名为"机器人基座 . sldprt"
的文件，如图 5-42 所示。

步骤 2　创建新配置。在【配置】选项卡中单击鼠标右键，从快捷菜
单中选择【添加配置】命令，设置配置名称为"未加工状态"，如图 5-43
所示，单击【确定】按钮退出。

视频 5-2

图 5-42　机器人基座

步骤 3　配置特征。在 FeatureManager 设计树中，鼠标右键单击"M10 六角头螺栓的柱
形沉头孔"特征，从快捷菜单中选择【配置特征】命令，如图 5-44 所示，绘图区中弹出
【修改配置】对话框。在设计树中继续依次双击 ϕ6.0 直径孔、圆角 1、圆角 2、圆角 3、圆角 4

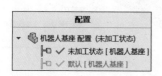

图 5-43　新建配置

图 5-44　配置特征

特征，【修改配置】对话框中对应添加已选择的各项特征名称，在"未加工状态"行中勾选各列的压缩方框，如图 5-45 所示，单击【确定】按钮退出编辑状态。

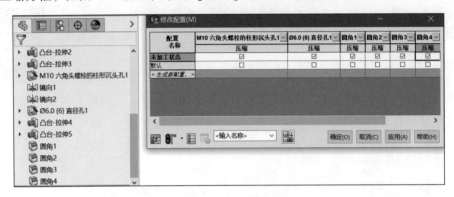

图 5-45 修改配置

由于压缩特征时系统会自动压缩子特征，因此虽然只选择压缩 1 个沉头孔特征，但由其镜像得到的其余 3 个沉头孔特征也会被压缩，故机器人基座上的所有孔特征和圆角特征均被压缩，但它们仍出现在 FeatureManager 设计树中，图标颜色呈现灰色。零件的这种状态被保存在当前激活的"未加工状态"配置中。

步骤 4 更改尺寸值。在【配置】选项卡中将"默认"配置重命名为"180-165"，使用 Ctrl+C、Ctrl+V 复制该配置，并将复制得到的配置重命名为"280-165"，如图 5-46 所示。在绘图区中双击模型底部的凸台，显示草图尺寸，选择任意尺寸单击鼠标右键，从快捷菜单中选择【配置尺寸】命令，如图 5-47 所示，绘图区中弹出【修改配置】对话框。在绘图区中依次双击选择草图 1 中的剩余 2 个长度尺寸和草图 2 中的直径尺寸，【修改配置】对话框中对应添加已选择草图尺寸，在"280-165"行中依次将 4 个数值从 180 调整为 280，如图 5-48 所示，单击【确定】按钮退出编辑状态。绘图区中出现调整尺寸后的机器人基座，如图 5-49 所示。

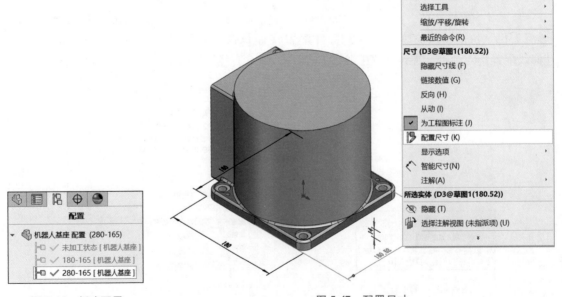

图 5-46 新建配置

图 5-47 配置尺寸

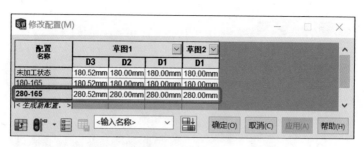

图 5-48 修改配置

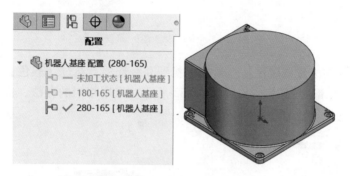

图 5-49 配置后的机器人基座

步骤 5 使用设计表创建配置。插入设计表，选中第 2 行中的任意空白列，在绘图区中双击选择机器人基座"凸台-拉伸 2"特征中的高度尺寸，则该尺寸将会被插入列表中。

复制第 5 行信息到第 6 行，将新增数据的前两列均改为"280-240"，将刚插入的高度数值修改为 240，并将该行所有孔特征改为压缩状态，如图 5-50 所示，在空白区域单击鼠标左键退出编辑。此时系统会提示生成一个名为"280-240"的配置，单击【确定】按钮，保留该配置，配置管理器中也同时增加了系列零件设计表，如图 5-51 所示。后续零件若有其他特征或尺寸的修改，也可直接在设计表中进行修改。

系列零件设计表是为: 机器人基座																
	$说明	$颜色	$状态@线光源1	D3@草图1	D2@草图1	D1@草图1	D1@草图2	D1@凸台-拉伸2	$状态@M10六角头螺栓的柱形沉头孔1	$状态@镜向2	$状态@镜向2	$状态@Ø26.0 (6) 直径孔1	$状态@圆角1	$状态@圆角2	$状态@圆角3	$状态@圆角4
未加工状态	未加工状态	15651274	S	180.5	180	180	180	165	S	S	S	S	S	S	S	
180-165	180-165	15651274	S	180.5	180	180	180	165	U	U	U	U	U	U	U	
280-165	280-165	15651274	S	280.5	280	280	280	165	U	U	U	U	U	U	U	
280-240	280-240	15651274	S	280.5	280	280	280	240	压缩	压缩	压缩	压缩	U	U	U	U

图 5-50 修改设计表

步骤 6 使用配置指定颜色。配置列表中右键单击"180-165"配置，从快捷菜单中选

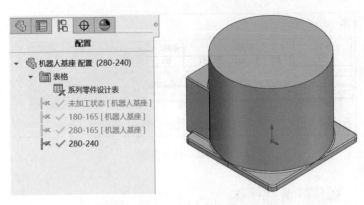

图 5-51 设计表创建的配置

择【属性】命令，在【配置属性】对话框中找到高级选项，通过【颜色】按钮为此配置添加颜色，便于与其他配置加以区分，如图 5-52 所示。采用相同的办法，也可以为其他几个配置添加专属颜色。

图 5-52 配置颜色

步骤 7 保存文件并关闭。

任务训练

练习 5-2

图 5-53 所示为工业机器人打磨工作站执行单元，从图中可以看出机器人基座安装在一块托板上，根据任务实施的操作步骤，得到了不同尺寸的机器人基座，安装孔的位置也发生了改变。现要求将安装托板也进行相同的配置，以实现两个零件能够正常装配的目的，同时为了便于对零件进行区分，可以为托板设置与机器人基座不同的颜色。

本训练的主要任务是针对已经设计完成的零件通过配置功能压缩或解除压缩特征，修改零件尺寸，为零件设置专属颜色，实现在同一个文件中表示零件的不同版本的目的。应用以下技术：

- 添加新配置
- 重命名和复制配置
- 更改配置
- 设计表创建配置

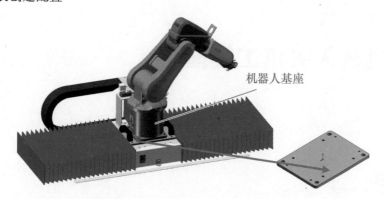

机器人基座

图 5-53　工业机器人打磨工作站执行单元

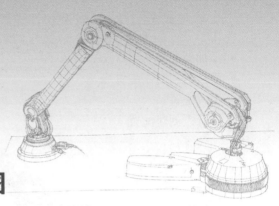

项目 6

工业机器人夹爪工程图

工业机器人轮毂打磨工作站相关零件建模完成，需要生成对应零件的工程图。工程图是用来准确表达零件形状、大小和有关技术要求的技术文件。近代一切机器、仪器等产品和设备的设计、制造、使用与维护等都是通过工程图来实现的。设计者通过工程图表达设计意图和要求，制造者通过工程图了解设计要求、组织生产加工，使用者根据工程图了解产品的构造和性能、正确的使用方法和维护方法。因此，在工程图绘制过程中，绝不允许有尺寸、公差等任何错误出现。

SOLIDWORKS 可以使用二维几何绘制生成工程图，而通过零件模型或装配体生成二维的工程图有更多优势。SOLIDWORKS 其零件、装配体和工程图是相互链接的文件，二维工程图与三维实体模型完全相关，实体模型的尺寸、形状及位置的任何变化都会引起二维工程图的相应更新，更改起来更容易，可以随时在 3D 环境观阅模型，工程图更准确，且更新过程可由用户控制，支持设计员与绘图员的协同工作。

本项目将基于机器人夹爪手指工具，介绍通过三维零件生成工程图的方法及其标注事项。

🖼️ **学习导图**

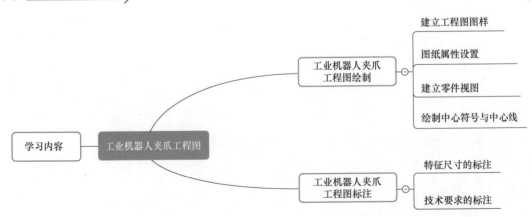

任务 1　工业机器人夹爪工程图绘制

学习目标

知识目标：掌握建立和编辑图样的方法、图样中添加视图的方法、调整视图布局的方法、修改视图显示的方法。

技能目标：熟练建立和编辑图样、生成视图。

素质目标：引导树立终身学习理念，密切关注行业、产业前沿知识和技术发展，主动探索、主动钻研，培养与时俱进的创新精神和探索精神。

任务要求

根据已创建完成的机器人夹爪手指模型（见图 6-1a），创建如图 6-1b 所示的工程图。

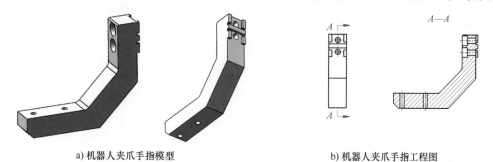

a) 机器人夹爪手指模型　　　　　　　　　　　　　b) 机器人夹爪手指工程图

图 6-1　机器人夹爪手指模型和工程图

任务分析

夹爪手指工程图的创建过程，包括建立工程图图样幅面、建立零件基本视图、调整视图位置及图纸、视图比例、建立零件辅助视图、绘制中心线符号与中心线等。

一、建立工程图图样

1）单击新建按钮，弹出新建 SOLIDWORKS 文件对话框，选择工程图，如图 6-2 所示。

2）单击"高级"选项，选择图样模板 gb_a3，如图 6-3 所示。

3）单击【确定】按钮，进入工程图界面。将该工程图命名后，保存工程图文件到指定文件夹，如图 6-4 所示。

二、图纸属性设置

图纸建立后，可对投影类型、图纸大小等属性进行设置：

1）在图纸的绘图区单击右键，在弹出的快捷菜单中选择图纸"属性（L）"命令。

2）在左侧"设计树"栏中，选择"图纸 1"，单击鼠标右键，选择"属性（G）"命令。

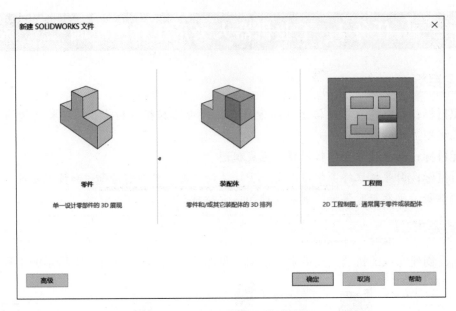

图 6-2　新建工程图文件对话框

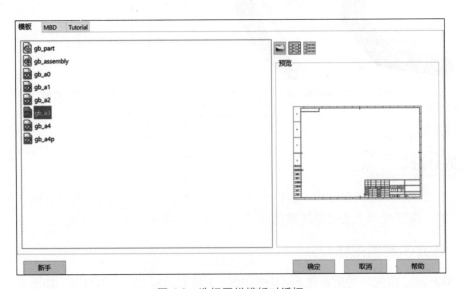

图 6-3　选择图样模板对话框

3）如已插入零件，在左侧【设计树】中，选择【图纸格式 1】，单击鼠标右键，选择【属性（J）】命令，在弹出的【图纸属性】对话框中设置图纸的名称、投影类型、图纸格式/大小、比例等参数，如图 6-5 所示。

4）标题栏格式修改。在图纸的绘图区单击右键，在弹出的快捷菜单中选择【编辑图纸格式】命令，可以更改标题栏等图纸的格式和内容。双击要修改的内容，修改内容周围出现灰色框后，可对字体、字号、颜色等进行修改。选中标题栏线条变为蓝色后可对线条属性进行修改，也可以根据需要进行删除操作，如图 6-6 所示。

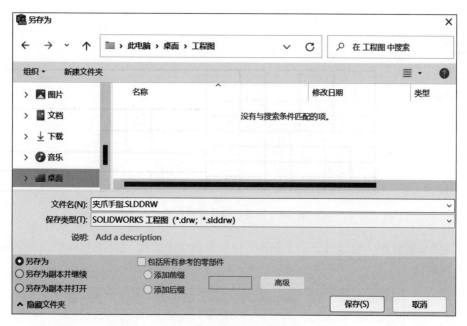

图 6-4　保存工程图对话框

图 6-5　图纸属性设置

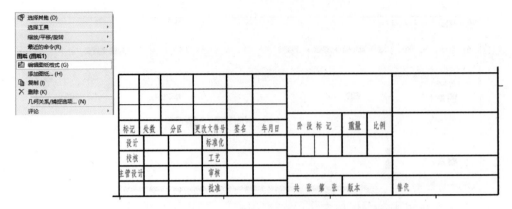

图6-6　标题栏格式设置方法

5）其他参数修改。通过【工具】-【选项】菜单命令来设置工程图和详细图的各种参数，如图6-7所示。

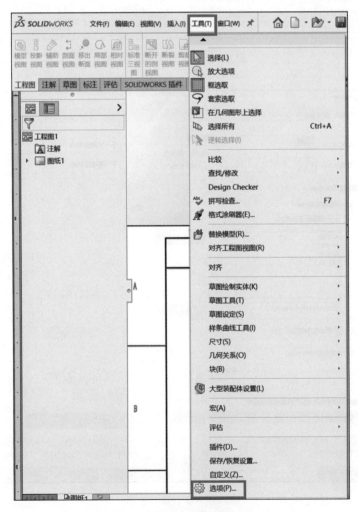

图6-7　其他参数设置方法

三、建立零件视图

SOLIDWORKS 工程图提供了可以根据需要生成多种视图的工具，如图 6-8 所示。

图 6-8　工程图工具条

1. 模型视图

在工程图工具条中，用鼠标单击"模型视图"，弹出模型视图属性管理器，单击"浏览"按钮，打开相关文件夹，选择相关文件并单击打开，如图 6-9 所示。

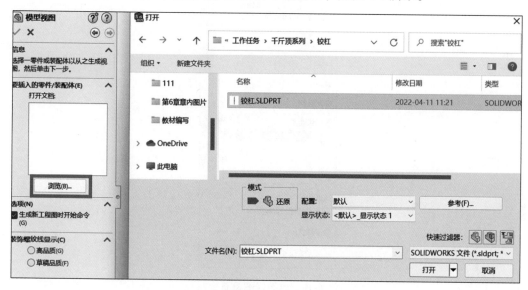

图 6-9　打开零件

在左侧模型视图状态中，选择标准视图中"＊前视"（默认视图），显示样式"消除隐藏线"，其他选项为默认设置，如图 6-10 所示。

将鼠标指针移动到窗口区域，会出现一矩形框随鼠标指针一起移动。将鼠标指针移动至图样左上方，单击鼠标左键，第一个视图（＊前视图）生成；将鼠标指针从第一个视图向右拖动，单击鼠标左键，生成第二个视图（＊左视图）；将鼠标指针移动至第一个视图，向下拖动，单击鼠标，生成第三个视图（＊上视图），单击【确认】按钮✔完成基本三视图的创建，如图 6-11 所示。

三个视图创建完成后，如需调整视图位置，可用鼠标单击选择需移动视图的矩形框后，按住鼠标左键不动，拖动该视图。若同时按住 shift 键不放，可使视图整体移动。

在拖动视图过程中，如果用鼠标拖动调整视图位置幅度过大，可使用方向键来调整视图的位置。单击选中要移动的视图，该视图出现虚线框时表示已选中，可通过方向键的上下左右箭头，实现视图的调整。需要注意的是，由于受其他视图的影响，有的视图在调整时会受

图 6-10　模型视图设置窗口

限制，比如单独调整左视图时只能调整左右位置，不能调整上下位置。本图纸使用的模板，默认的键盘移动增量为 10mm，如需改变该数值，单击【工具】/【选项】/【系统选项】/【工程图】/键盘移动增量来调整，如图 6-12 所示。

　　在视图创建过程中，如果需要更改视图的线条的样式、线粗等属性，可单击【工具】/【选项】/【文档属性】/线型来实现，如图 6-13 所示。

　　零件基本视图建立后，要调整图纸比例，可将鼠标移动到要调整位置的视图上，单击鼠标左键，出现工程视图属性管理器，打开【比例】选项，点选"使用自定义比例"，即可调整图纸比例，如图 6-14 所示。

　　将视图选中后，按下 Del 键，在弹出的窗口中选择【是（Y）】，可将所选视图删除，如图 6-15 所示。

　　如需对视图位置进行调整，右键选中该视图，在弹出的快捷窗口中选择【缩放/平移/旋转】/【旋转视图】，在弹出的窗口中修改【工程视图角度】，视图可任意旋转，如图 6-16 所示。单击应用后，视图布局产生变化。

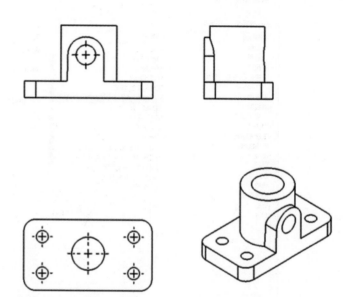
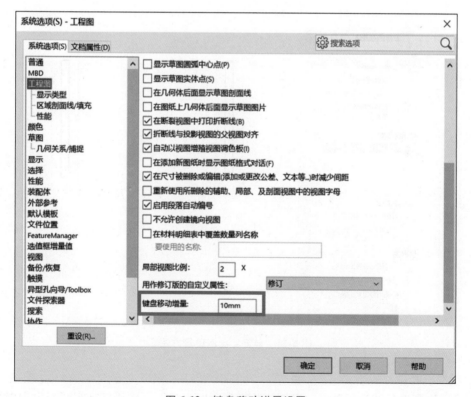

图 6-11 基本三视图的创建

图 6-12 键盘移动增量设置

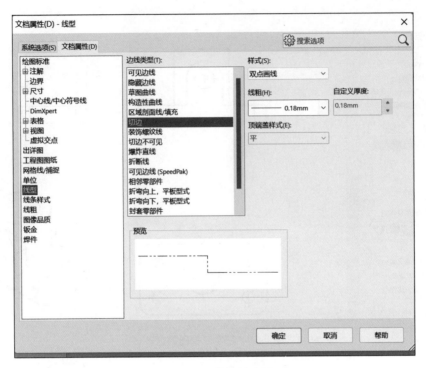

图 6-13　线型属性设置

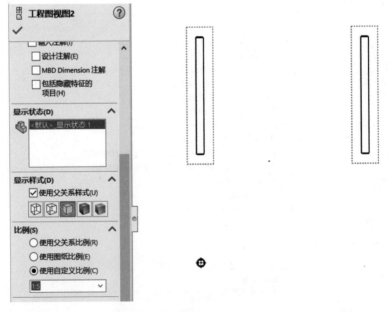

图 6-14　自定义比例设置方法

2. 标准三视图

标准三视图选项能为所显示的零件或装配体同时生成三个默认正交视图。主视图与俯视图及侧视图有固定的对齐关系。俯视图可以竖直移动，侧视图可以水平移动。

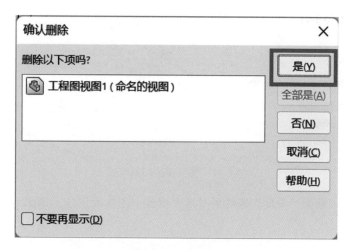

图 6-15　视图删除

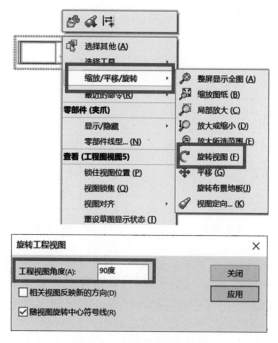

图 6-16　旋转视图设置

3. 辅助视图

如果模型中存在着与视图方向非正交的几何元素，就需要采用与之正视的方向绘制视图以反映这些几何实体元素的信息，这种视图被称为辅助视图，在国标中称为斜视图，如图 6-17 所示。

4. 剖面视图

可以用剖切线分割视图进而在工程图中生成一个剖面视图。剖面视图可以是直接剖切面或者是用阶梯剖切线定义，也可以包括同心圆弧。创建剖面视图时用到剖截面，剖截面也称为横截面。横截面分为两种类型。

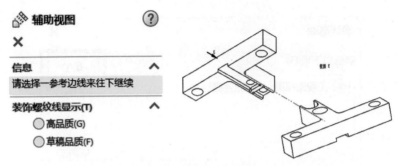

图 6-17　俯视图的辅助视图

（1）"平面"剖截面　截面切割线沿基准平面或平面曲面创建，如图 6-18 所示的 *A—A* 剖截面。

（2）"偏移"剖截面　横截面贯穿实体模型来草绘切割线，如图 6-19 所示的 *A—A* 剖截面。

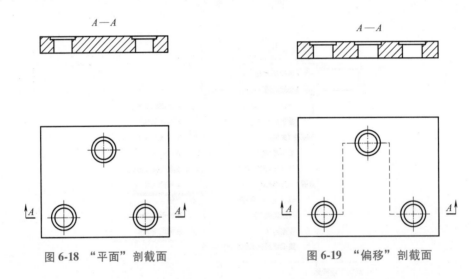

图 6-18　"平面"剖截面　　　　　　　　图 6-19　"偏移"剖截面

剖面视图具有许多类型，可以指定全剖截面、半剖截面或局部剖截面。

1）创建"平面"剖截面。单击【剖面视图】，在弹出的选项卡中选择切割线类型，将切割线放置于图样合适位置，左键单击鼠标，在弹出的快捷窗口中单击【确认】按钮✔，剖面视图生成，拖动剖面视图放置于合适位置，如图 6-20 所示。

2）创建"偏移"剖截面。单击【剖面视图】，选择切割线类型，将切割线放置于图样合适位置，左键单击鼠标，在弹出的快捷窗口中单击 ⬚（凹口偏移），设置偏移起始点、偏移长度和偏移深度后，单击【确认】按钮✔，偏移剖面视图生成，拖动剖面视图放置于合适位置，如图 6-21 所示。

5. 移出断面

单击"移出断面"按钮，选中相对的几何体，将切割线放置于合适位置，单击【确认】按钮✔即可生成移出断面，如图 6-22 所示。

6. 局部视图

可以在工程图中生成一个局部视图来显示一个视图的某个部分（通常是以放大比例显示）。此局部视图可以是正交视图、3D 视图、剖面视图、裁剪视图或另一局部视图。

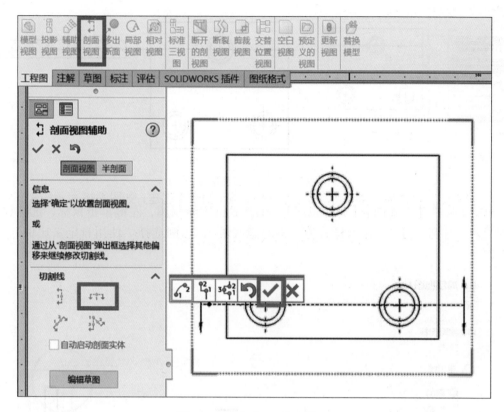

图 6-20 创建"平面"剖截面

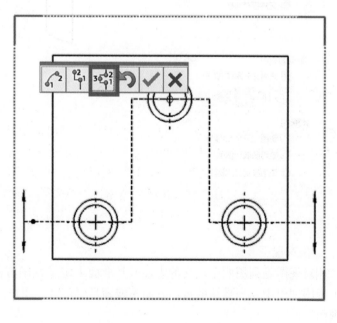

图 6-21 创建"偏移"剖截面

181

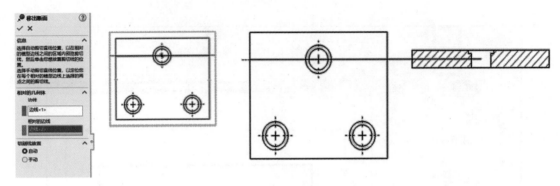

图 6-22　移出断面设置

单击工具栏【工程图】/【局部视图】，在合适位置绘制圆，左键单击鼠标，选择样式"带引线"，标号"Ⅰ"，显示样式为"消除隐藏线"，比例选择"使用自定义比例"，如图 6-23 所示。

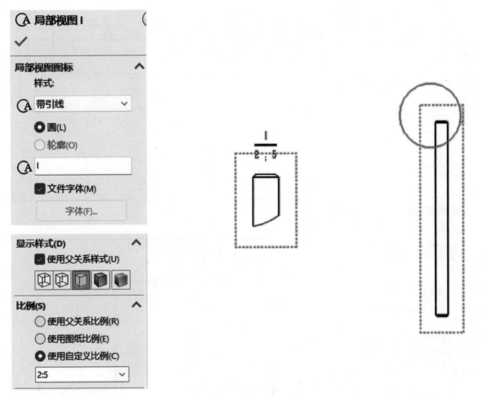

图 6-23　局部视图设置

7. 相对视图

相对视图是利用两个正交的表面或基准面来定义视图方向，从而得到特定视角的视图。在工程图创建中，当默认的视图方向不能满足要求时，用户可以使用相对视图来创建所需正交视图。

单击工具栏【工程图】/【相对视图】按钮后，再单击视图，跳转至零件图，选择新的"前视"与"右视"方向后单击【确认】按钮，即可生成相对视图。

8. 断开的剖视图

断开的剖视图为现有工程视图的一部分，而不是单独的视图。闭合的轮廓通常是样条曲线，用来定义断开的剖视图。

单击工具栏【工程图】/【断开的剖视图】按钮，绘制封闭的样条曲线将合适位置圈中，选择合适的边线作为深度参考，或修改深度数值，单击【确认】按钮✔生成断开的剖视图，如图 6-24 所示。

 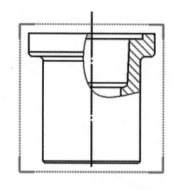 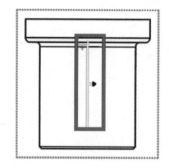

图 6-24　断开的剖视图设置

9. 断裂视图

可以在工程图中使用断裂视图。断裂视图可以将工程视图用较大比例显示在较小的工程图样上。

选中要使用断裂视图的视图，单击【断裂视图】，选择"切除方向"，修改"缝隙大小"，选择"折断线样式"后，将折断线放置于所选视图合适位置处，单击【确认】按钮✔生成断裂视图，如图 6-25 所示。

图 6-25　断裂视图设置

10. 裁剪视图

裁剪视图是在现有视图中，剪去不必要的部分，以使视图表达的内容更简练与突出。除了局部视图、以用于生成局部视图的视图或爆炸视图，可以裁剪任何工程视图。由于没有建立新的视图，裁剪视图可以节省步骤，如图6-26所示。

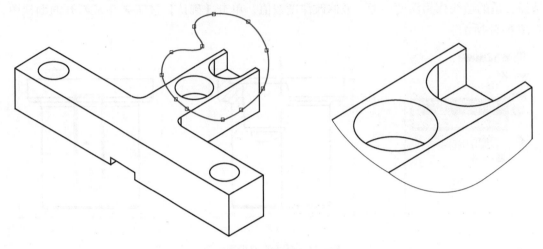

图6-26 裁剪视图设置

11. 交替位置视图

可以使用交替位置视图工具，将一个工程视图精确叠加于另一个工程视图之上。交替位置视图以幻影线显示，它常用于显示装配体的运动范围。交替位置视图拥有以下特征：

1）可以在基本视图和交替位置视图之间编制尺寸。

2）交替位置视图可以添加到FeatureManager设计树中。

3）在工程图中可以生成多个交替位置视图。

4）交替位置视图在断开、剖面、局部或裁剪视图中不可用。

四、绘制中心符号与中心线

1. 绘制中心线

使用【注解】标题栏下的【中心线】工具按钮，创建"中心线"特征，如图6-27所示（主要是对称直线）。

2. 制作中心符号线

使用【注解】标题栏下的【中心符号线】工具按钮，创建"中心符号线"特征，如图6-28所示（主要是圆弧线）。

任务实施

根据图6-1所示夹爪手指模型，其工程图创建步骤如下：

步骤1 单击新建按钮，弹出SOLIDWORKS文件对话框，选择工程图。

步骤2 单击【高级】选项，选择图样模板gb_a3，单击【确定】按钮，进入工程图界面。将该工程图命名为："夹爪手指.slddrw"，保存工程

视频6-1

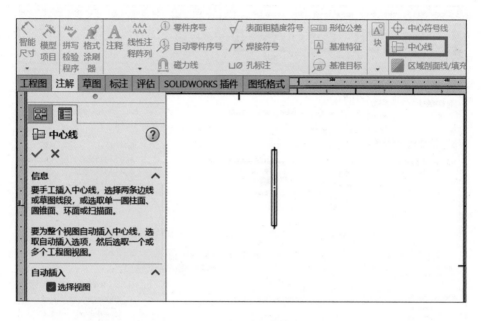

图 6-27　中心线设置

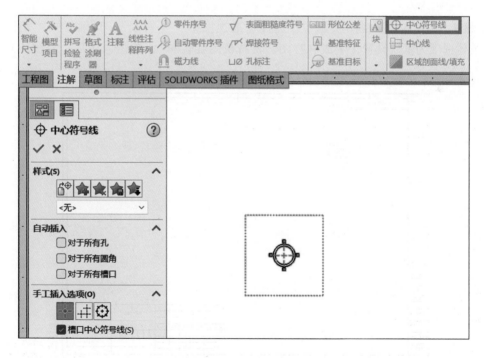

图 6-28　中心符号线设置

图文件到指定文件夹。

　　步骤 3　鼠标单击【工程图】/【模型视图】，弹出模型视图属性管理器，单击"浏览"按钮，打开相关文件夹，选择"夹爪 . sldprt"文件，单击打开，如图 6-29 所示。

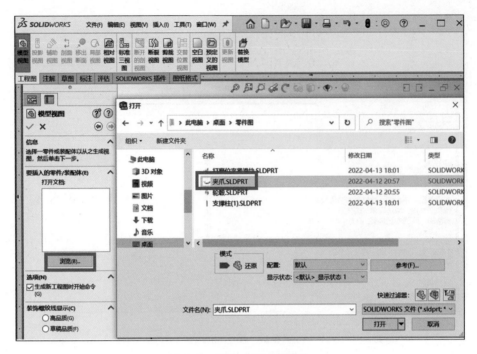

图 6-29　打开夹爪手指零件

步骤 4　在左侧模型视图状态中，选择标准视图中"＊右视"，显示样式"消除隐藏线"，其他选项为默认设置，生成右视图。将右视图旋转 90°，单击应用后，右视图布局如图 6-30 所示。

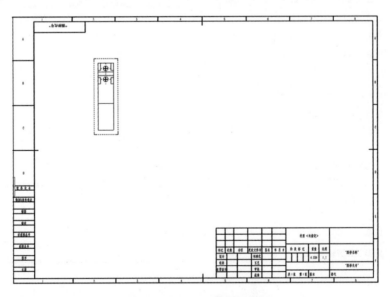

图 6-30　右视图调整后位置图

步骤 5　创建"剖面视图 A—A"，如图 6-31、图 6-32 所示。

步骤 6　在"剖面视图 A—A"中自动插入中心符号线和中心线，夹爪手指工程图建立完成，如图 6-33 所示。

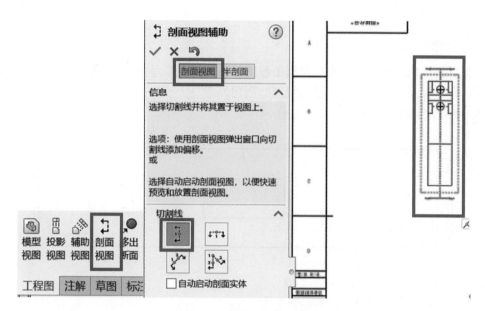

图 6-31　剖面视图设置页面

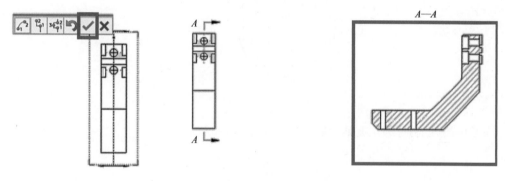

图 6-32　剖面视图 A—A 生成页面

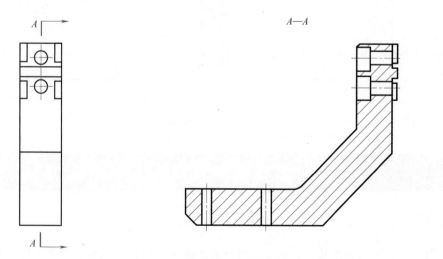

图 6-33　完成的夹爪手指工程图

任务训练

根据所提供的零件和图样布局绘制工程图。本任务主要是基本视图的创建，剖视图、局部视图、中心符号线和中心线等辅助视图的创建。

练习 6-1　绘制支撑柱工程图，如图 6-34 所示。

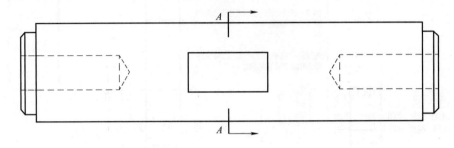

图 6-34　支撑柱工程图

练习 6-2　绘制打磨位夹紧滑块工程图，如图 6-35 所示。

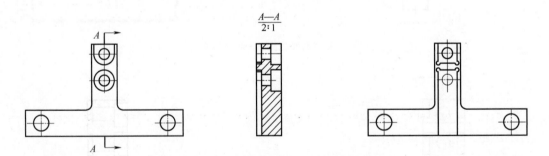

图 6-35　打磨位夹紧滑块工程图

任务 2　工业机器人夹爪工程图标注

学习目标

知识目标： 掌握视图尺寸公差、几何公差、表面粗糙度、技术要求文本的标注方法。
技能目标： 能够熟练对工程图进行标注。
素质目标： 树立乐观积极向上的生活态度，培育团队合作精神。

任务要求

根据图 6-36，完成夹爪手指工程图的标注。

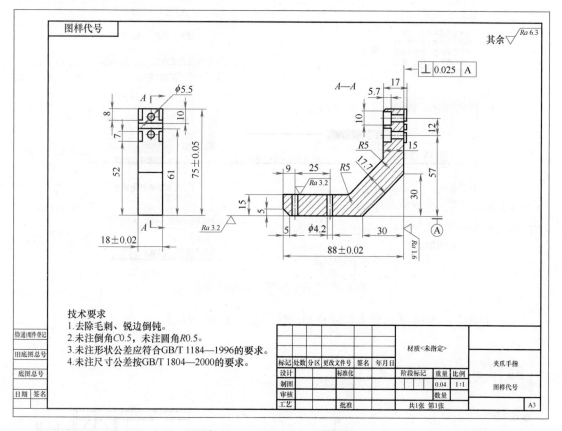

图 6-36　夹爪手指工程图标注

任务分析

夹爪手指工程图的标注包括特征尺寸的标注、尺寸公差的标注、几何公差的标注、表面粗糙度的标注、技术要求的标注等。

在 SOLIDWORKS 中，SOLIDWORKS 工程图的尺寸标注有两种方法：

1）使用模型尺寸直接将绘制零件时使用的草图尺寸和特征尺寸插入到工程图中，可以选择插入所有视图或特定视图。当模型中的尺寸改变时，工程视图中的尺寸也会同步变化。直接在工程图中双击并修改模型尺寸，零件或装配体的模型尺寸也会同步发生改变。

2）使用参考尺寸在工程图中标注的尺寸，该尺寸为"从动尺寸"，用户无法通过修改"从动尺寸"来修改模型，但是当零件或装配体中的模型发生变化时，工程图中的"从动尺寸"也会同步修改。

一、特征尺寸的标注

单击【注解】/【模型项目】，SOLIDWORKS 工程图将根据用户所选择的模型中的特征来标注特征尺寸。"模型项目"管理器属性如图 6-37 所示。

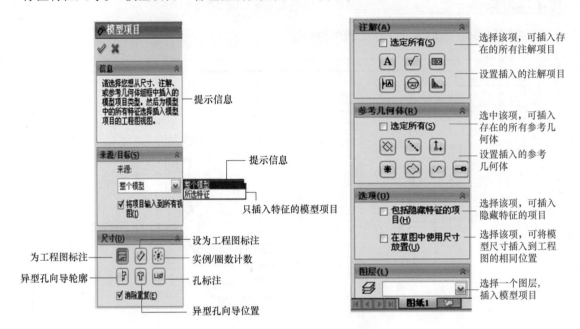

图 6-37 "模型项目"管理器属性

单击【确认】按钮 ✔，所有尺寸将会标注，如图 6-38 所示。

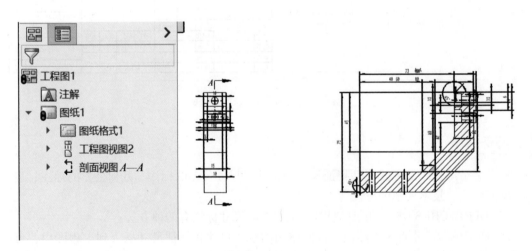

图 6-38 尺寸标注

比对零件模型中的草图尺寸和工程图中标注的尺寸可以看出，工程图中自动出现的尺寸标注和草图中的尺寸标注是相同的。使用模型尺寸进行标注的原理就是直接使用零件建模时草图和特征的尺寸，所以在进行零件设计时，应尽可能地使草图尺寸标注更加合理，放置尺寸尽量美观，这样在工程图中可以非常方便地调用。

直接插入的模型尺寸标注不清晰，需要重新调整位置及标准形式，按照国家标准尺寸标注的要求，可采用以下方式对尺寸进行调整。

1）双击需要修改的尺寸，在"修改"对话框中输入新的尺寸值，可修改尺寸。

2）在工程图视图中拖动尺寸文本，可以移动尺寸的位置，将其调整到合适的位置。

3）在拖动尺寸时按住"Shift"键，可将尺寸从一个视图转移到另一个视图上。

4）在拖动尺寸时按住"Ctrl"键，可将尺寸从一个视图复制到另一个视图中。

5）对于重复的尺寸，需要进行删除，按住"Del"键即可删除选定尺寸。

6）选择所需要更改引线方式的尺寸，单击【尺寸】，选择"引线"，更改"自定义文字位置"可以更改各种不同的引线方式和文字位置，如图 6-39 所示。

7）单击【尺寸】，选择【数值】T 的公差/精度，更改小数位数，如图 6-40 所示。

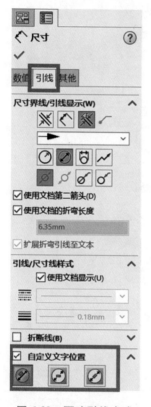

图 6-39　更改引线方式

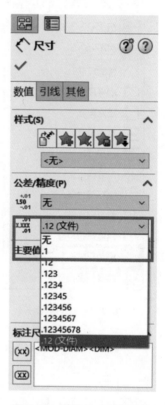

图 6-40　调整尺寸小数位数

8）倒角标注。单击【智能尺寸】下拉菜单，选中【倒角尺寸】标注选项，先单击倒角斜线再单击其他线，进行倒角标注，如图 6-41 所示。

9）单击尺寸选中后，在"尺寸"属性管理器中选择"标注尺寸文字"中的"φ"，修改尺寸为直径，如图 6-42 所示。

调整完成后的工程图如图 6-43 所示。

二、技术要求的标注

工程图上的技术要求一般由四部分组成，即尺寸公差、几何公差、表面粗糙度及其他技术要求文本。

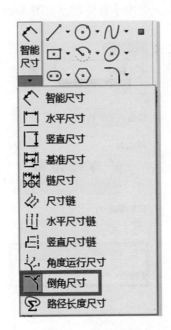

图 6-41　倒角标注

图 6-42　修改直径尺寸

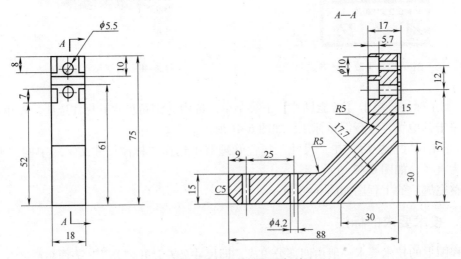

图 6-43　调整后的工程图标注

1. 尺寸公差的标注

在"尺寸"属性管理器中设置尺寸公差，并可在图样中预览尺寸和公差，"公差/精度"管理器属性各选项的含义如图 6-44 所示。

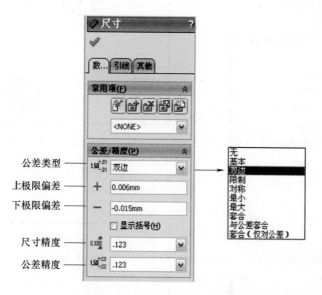

图 6-44　"公差/精度"管理器属性

1）公差类型包括基本、双边、限制、对称、最小、最大、套合、与公差套合、套合（仅对公差）等类型，各类型含义如下：

① 选择"基本"公差类型，会沿尺寸文字添加一方框。在几何尺寸与公差中，基本表示尺寸理论上的准确值，如图 6-45 所示。

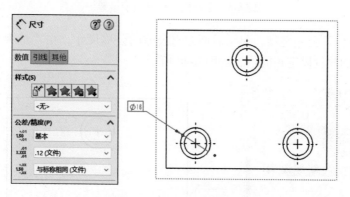

图 6-45　"基本"公差类型设置

② 选择"双边"公差类型，需要分别输入"上极限偏差"与"下极限偏差"数值。显示其后跟有单独上和下公差的公称尺寸。在"最大变量"和"最小变量"中，为公称尺寸之上和之下的数量设定值，如图 6-46 所示。

③ 选择"限制"公差类型，会显示尺寸的上限和下限。在"最大变量"和"最小变量"中，为公称尺寸之上和之下的数量设定值。公差值添加到公称尺寸或从之扣除，如图 6-47 所示。

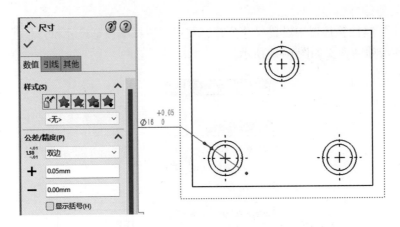

图 6-46 "双边" 公差类型设置

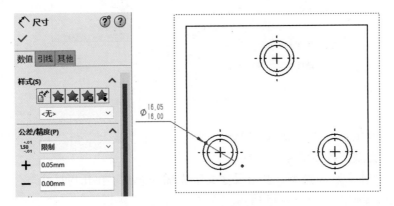

图 6-47 "限制" 公差类型设置

④ 选择 "对称" 公差类型，显示后面跟有公差的公称尺寸。在 "最大变量" 中为公称尺寸之上和之下的数量设定相同值，如图 6-48 所示。

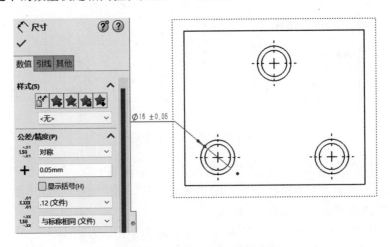

图 6-48 "对称" 公差类型设置

⑤ 选择"最小"公差类型，显示公称尺寸并带后缀"最小"，如图 6-49 所示。

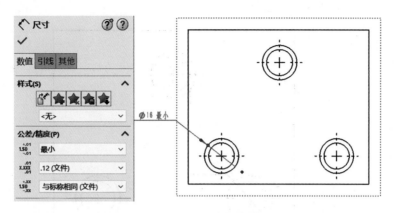

图 6-49　"最小"公差类型设置

⑥ 选择"最大"公差类型，显示公称尺寸并带后缀"最大"，如图 6-50 所示。

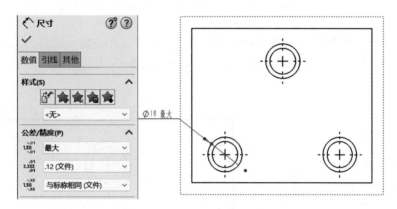

图 6-50　"最大"公差类型设置

⑦ 选择"套合"公差类型，按分类和字母数字值设置公差。"分类"为"间隙"，"孔套合"为"H8"的公差，如图 6-51 所示。

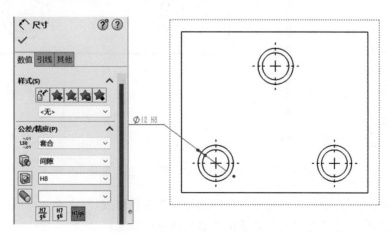

图 6-51　"套合"公差类型-孔套合

"轴套合"为"g5"的公差，如图 6-52 所示。

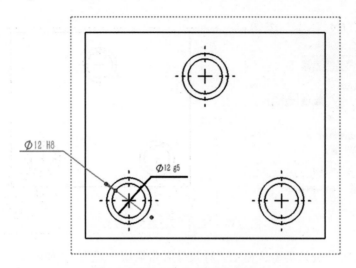

图 6-52 "套合"公差类型-轴套合

可通过以下选项将套合公差组合为单一尺寸，选择"以直线显示层叠""无直线显示层叠""线性显示"更改套合公差组合形式，如图 6-53～图 6-55 所示。

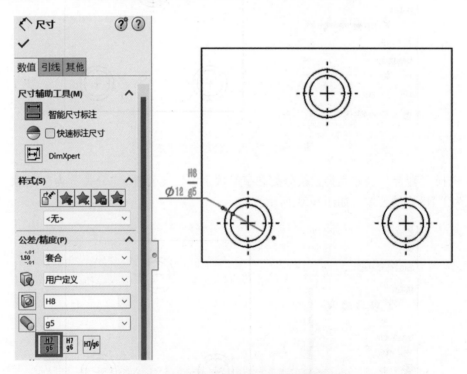

图 6-53 "套合"公差组合-以直线显示层叠

2）"尺寸精度"选项，可对选中尺寸的小数位数进行修改。

3）"公差精度"选项可对公差数值的小数位数进行设定。

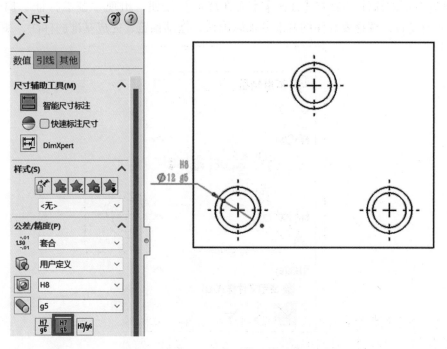

图 6-54　"套合"公差组合-无直线显示层叠

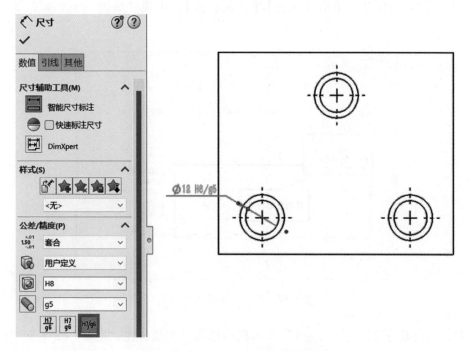

图 6-55　"套合"公差组合-线性显示

2. 几何公差的标注

标注几何公差之前，一般应先标注基准特征，再标注几何公差。

1）基准特征的标注。单击【注解】/【基准特征】按钮，出现"基准特征"属性管理器，进行适当设置，选择要标注的基准并加以确认，拖动预览，完成基准的标注，如图 6-56 所示。

图 6-56　基准特征属性设置

2）几何公差的标注。单击【注解】/【几何公差】，出现"属性"对话框，如图 6-57 所示。

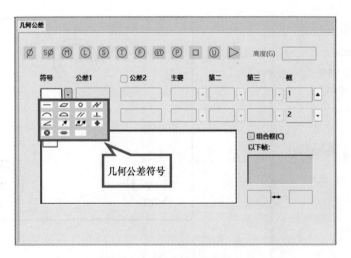

图 6-57　几何公差属性对话框

选择几何公差符号，在"公差 1"文本框内输入公差值，在"主要"文本框中输入几何公差主要基准，即可生成需要的几何公差，如图 6-58 所示。

根据功能分析与性能要求，将几何公差符号标注在图上。单击尺寸公差，设置引线格式，对引线的格式及箭头形式进行设置，标注内容及格式完成后，调整标注位置，完善标注，如图 6-59 所示。

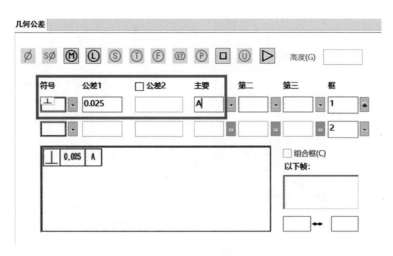

图 6-58　几何公差设置

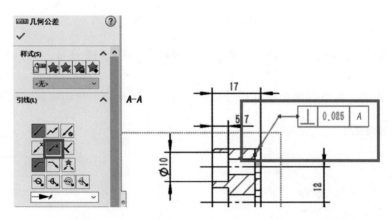

图 6-59　几何公差标注

3. 表面粗糙度的标注

单击【注解】/【表面粗糙度符号】按钮，出现"表面粗糙度"管理器，如图 6-60 所示。

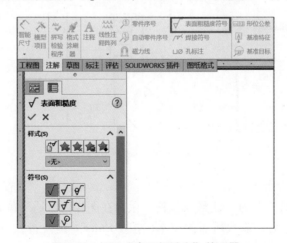

图 6-60　打开"表面粗糙度"管理器

选择表面粗糙度样式，选中粗糙度符号，更改符号布局，如图 6-61 所示。

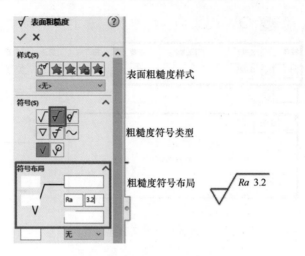

图 6-61　表面粗糙度设置

将表面粗糙度符号放置于合适位置，必要时可单击粗糙度符号，对其旋转角度进行设置。

对于其他表面，修改表面粗糙度符号布局，放置在图样右上角即可，如图 6-62 所示。

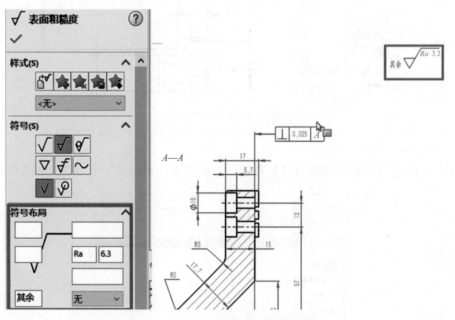

图 6-62　其余表面粗糙度标注

4. 其他技术要求的标注

单击"注解"工具栏上的"注释"按钮，鼠标在图样区域适当位置选取文本输入范围，单击文本区域出现光标后，输入所需的文本，按"Enter"键换行，单击【确认】按钮 ✓，完成技术要求的编写，如图 6-63 所示。

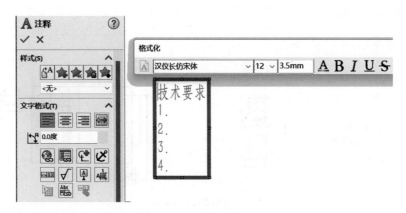

图 6-63　技术要求的标注

单击【确认】按钮 ✔，完成工程图的标注。

任务实施

图 6-36 所示夹爪手指工程图的标注主要步骤如下：

步骤 1　创建模型项目。单击【注解】/【模型项目】，其中，来源选择"整个模型"，尺寸"为工程图标注"，如图 6-64 所示。

视频 6-2

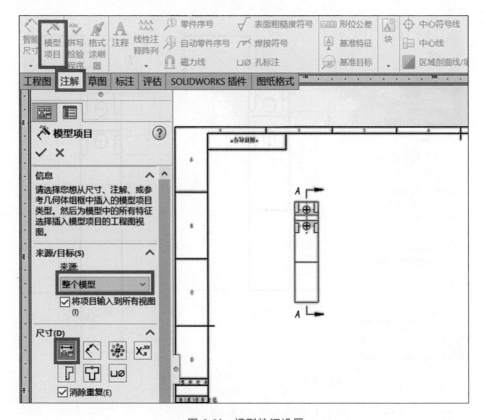

图 6-64　模型特征设置

单击【确认】按钮 ✔，所有尺寸将会标注，如图 6-65 所示。

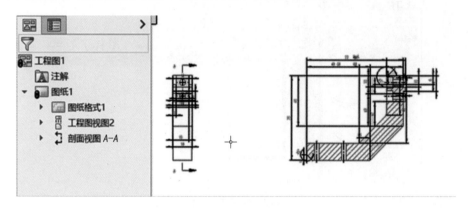

图 6-65　尺寸标注

步骤 2　对工程图中各尺寸进行适当调整。

1）双击需要修改的尺寸，在"修改"对话框中输入新的尺寸值，可修改尺寸。

2）在工程图视图中拖动尺寸文本，移动尺寸的位置，将其调整到合适的位置。

3）按住"Shift"键，将尺寸从一个视图拖动转移到另一个视图上。

4）按住"Ctrl"键，将尺寸从一个视图拖动复制到另一个视图中。

5）修改"$\phi 5.5$"尺寸引线样式，如图 6-66 所示。

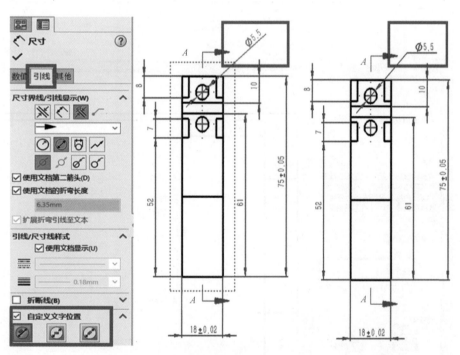

图 6-66　更改引线样式和文字位置

6）修改尺寸"$\phi 5.50$"小数位数为 1 位，如图 6-67 所示。

7）对于重复的尺寸，按住"Del"键进行删除。

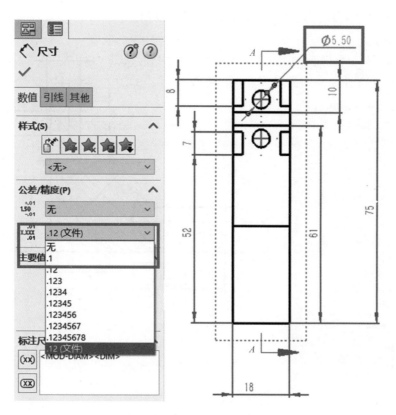

图 6-67　调整尺寸小数位数

8）倒角 *C*5 标注，如图 6-68 所示。

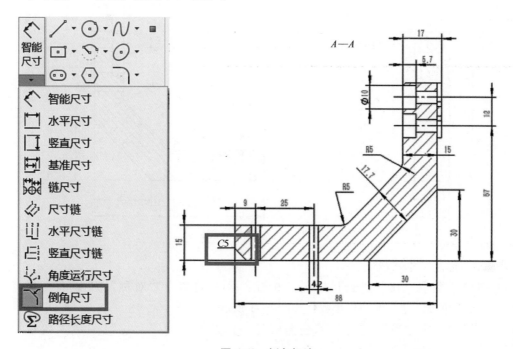

图 6-68　倒角标注

9）修改尺寸"4.2"为直径"ϕ4.2"，如图 6-69 所示。

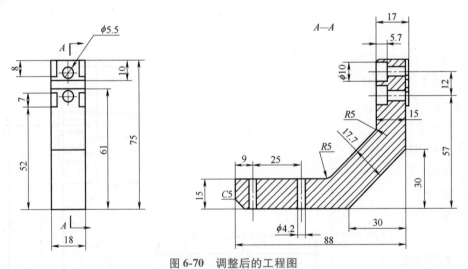

图 6-69　修改直径尺寸 ϕ4.2

调整完成后的工程图如图 6-70 所示。

图 6-70　调整后的工程图

步骤 3　标注尺寸公差。

1）对尺寸数字"18"进行尺寸公差标注：公差类型为"对称"，"最大变量"为"0.02mm"，"单位精度"为两位小数，如图 6-71 所示。

2）对尺寸数字"88"进行尺寸公差标注：公差类型为"对称"，"最大变量"为"0.02mm"，"单位精度"为两位小数。

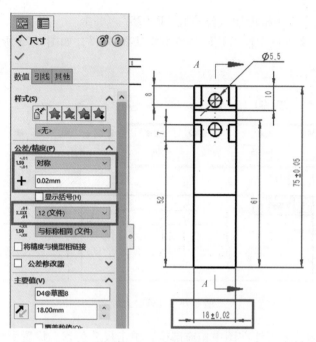

图 6-71　尺寸公差标注

3）对尺寸数字"75"进行尺寸公差标注：公差类型为"对称"，"最大变量"为"0.05mm"，"单位精度"为两位小数。

步骤 4　标注几何公差。单击【注解】/【基准特征】，出现"基准特征"属性管理器，进行适当设置，选择要标注的基准并加以确认，拖动预览，完成基准的标注，如图 6-72 所示。

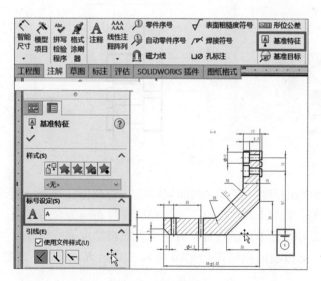

图 6-72　基准的标注

单击【注解】/【几何公差】，出现"属性"对话框。

1）选择几何公差符号"⊥"。

2）在"公差1"文本框内输入公差值"0.025"。

3）在"主要"文本框中输入几何公差主要基准"A"，如图6-73所示。

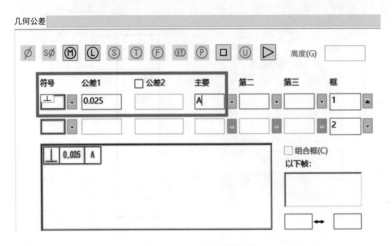

图6-73　几何公差设置

将以上几何公差符号标注在图中相应部位，单击尺寸公差，设置引线格式，对隐形的格式及箭头形式进行设置，标注内容及格式完成后，调整标注位置，完善标注，如图6-74所示。

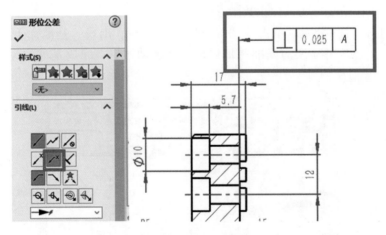

图6-74　几何公差标注

步骤5　标注表面粗糙度。打开"表面粗糙度"管理器，选择"要求切削加工"按钮，输入"粗糙度"数值，如"1.6""3.2"等，修改符号布局为合适形式，如图6-75所示。

将表面粗糙度符号放置于合适位置，对三处表面粗糙度进行标注。

对于其他表面，修改表面粗糙度符号布局为"其余 Ra 6.3"，放置于图样右上角，如图6-76所示。

步骤6　标注技术要求。单击"注解"工具栏上的"注释"按钮，鼠标在图样区域左下角选取文本输入范围，单击文本区域出现光标后，输入所需的文本，按"Enter"键换行，单击【确认】按钮 ，完成技术要求的编写，如图6-77所示。

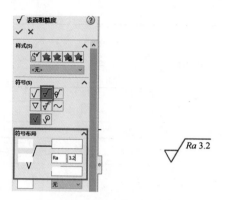

图 6-75　表面粗糙度设置

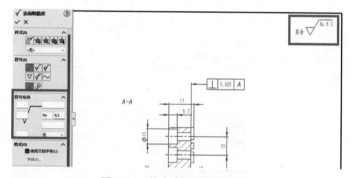

图 6-76　其余表面粗糙度标注

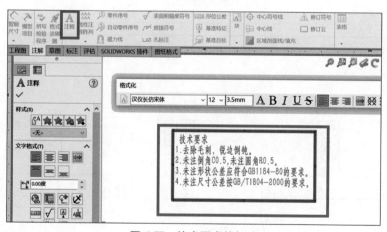

图 6-77　技术要求的标注

最后单击【确认】按钮 ✔，完成夹爪手指工程图的标注。

任务训练

根据所提供的零件和尺寸绘制工程图。本任务主要是练习特征尺寸、尺寸公差、几何公差、表面粗糙度及其他技术要求的标注。

练习 6-3　根据支撑柱工程图要求进行标注，如图 6-78 所示。

练习 6-4　根据打磨位夹紧滑块工程图要求进行标注，如图 6-79 所示。

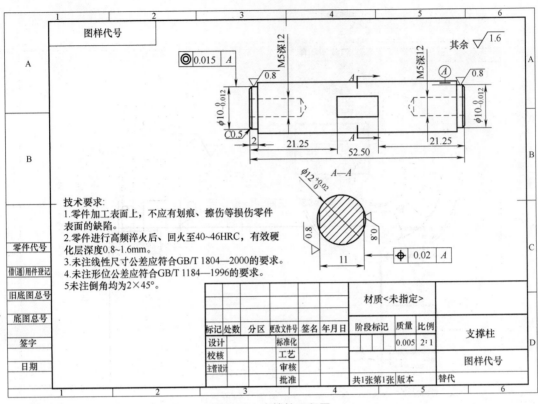

图 6-78　支撑柱工程图

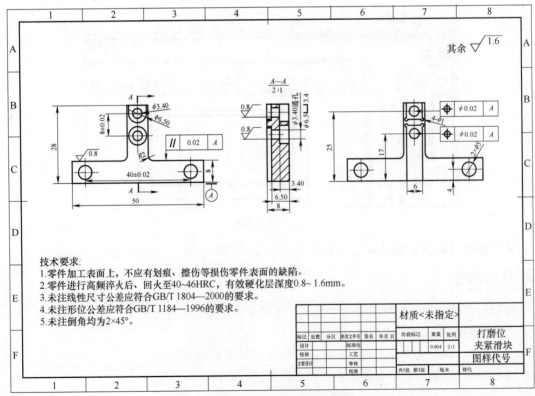

图 6-79　打磨位夹紧滑块工程图

练习 6-5　根据轮毂工程图要求进行标注，如图 6-80 所示。

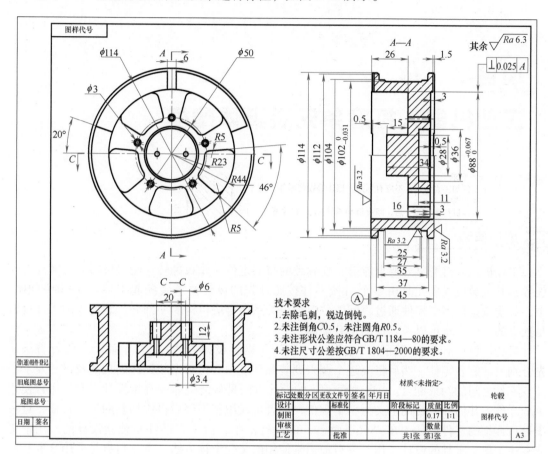

图 6-80　轮毂工程图

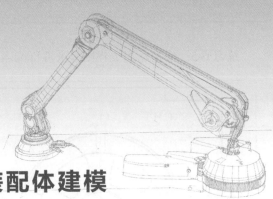

项目 7

工业机器人打磨单元装配体建模

📋 项目情境

工业机器人打磨单元要求能够实现轮毂的打磨定位、轮毂翻转、轮毂机器人打磨等工作任务。其机械机构单元是由多个机械零件按照预先的设计要求装配起来的。SOLIDWORKS中，装配就是把多个零件通过之间的位置约束关系组合成机构的一部分，装配体的零件可以是独立的零件，也可以是其他的子装配体。

装配体设计有"自下而上"和"自上而下"两种设计方法。"自下而上"设计方法是先分别设计好各零件，然后将其逐个调入到装配环境中，再根据装配体的功能及设计要求添加各零件之间的约束配合。"自上而下"的设计方法是从装配体中开始设计，允许用户使用一个零件的几何体来帮助定义另一个零件，或者生成组装零件后再添加新的加工特征，进一步进行详细的零件设计。在"自下而上"的设计法中，由于零部件是独立设计的，用户更能专注于单个零件的设计工作，是目前通常使用的装配设计方法，本项目也是采用这种装配体建模方法。

SOLIDWORKS 不仅提供了丰富的用于装配的工具，还提供了多种统计、计算和检查工具，如质量特性、干涉检查等，并且可以很方便地生成装配体爆炸图。

本项目将基于工业机器人打磨单元装配体的建模，以打磨工位支撑机构装配体的装配和打磨工位轮毂夹紧机构装配体的装配为任务，在完成两个子装配体的基础上，完成工业机器人打磨单元总装配体的设计，利用爆炸视图清晰地表示装配体中各零件之间的位置关系。

🖥 学习导图

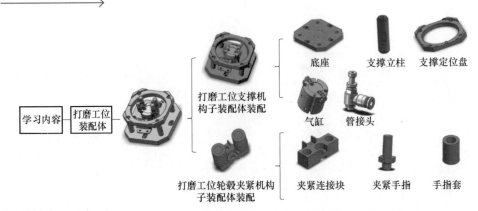

任务 1　打磨工位支撑机构子装配体装配

学习目标

知识目标： 理解装配、装配体设计树和零件间配合关系的作用，掌握装配体基本操作命令，掌握配合关系添加方法。

技能目标： 熟练使用相关命令进行零件的调入、零部件之间添加配合关系，能够进行子装配体的操作。

素质目标： 养成规范作图、科学操作的行为习惯，培养踏实肯干的务实精神。

任务要求

图 7-1 是机器人打磨单元打磨工位支撑机构，在打磨工位完成支撑和定位轮毂的作用。其装配所需零件已经建模完成，根据打磨工位机构示意图进行装配体装配。

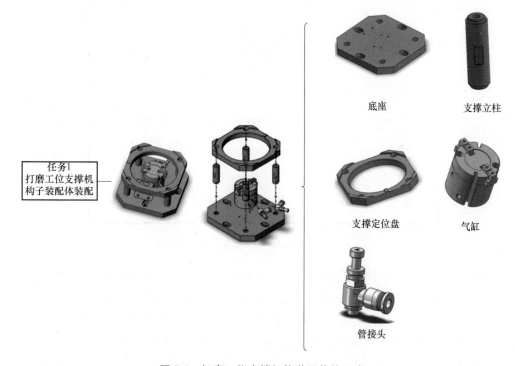

图 7-1　打磨工位支撑机构装配体的组成

任务分析

SOLIDWORKS 中零件的组合是在装配模块中完成的。图 7-1 所示打磨工位支撑机构是由 9 个零件组合在一起的一个装配体，相同零件可通过复制、镜像或阵列完成。装配过程主要包括装配体的基本操作，如建立装配体的方法、零部件插入、零部件的移动、零部件的旋转和添加配合关系等。

一、装配体的基本操作

SOLIDWORKS 零部件是被链接到装配体文件中的，装配体文件中保存了进入装配体中各零件的路径和各零件之间的配合关系。一个零件放入装配体中时，这个零件文件会与装配体文件产生链接关系。在打开装配体文件时，SOLIDWORKS 要根据各零件的存放路径找出零件，并将其调入装配体环境。装配体文件不能单独存在，要和零件文件一起存在。零部件中的更改会自动反映在装配体中。装配体文件的扩展名为".sldasm"。

1. 创建新装配体

单击菜单栏【文件】/【新建】命令，弹出【新建 SOLIDWORKS 文件】对话框，如图 7-2 所示。选择单击【装配体】，单击【确定】，进入装配体编辑界面。

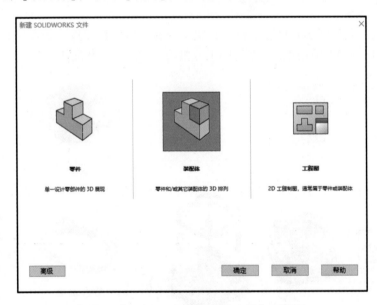

图 7-2 【新建 SOLIDWORKS 文件】对话框

在【开始装配体】属性管理器中，【打开文档】为空，单击选项组中的【浏览】按钮，如图 7-3 所示。在【选项】中，勾选【生成新装配体时开始命令】、【生成新装配体时自动浏览】，新建装配体时系统自动弹出【打开】对话框。在弹出的【打开】对话框中，选择零件文件，选择的零件吸附在光标上，随光标移动，这是装配体的第一个零件，注意此时不要在图形区域单击鼠标，而应该单击【开始装配体】属性对话框中的【确认】按钮 ✔，设计树上即可见该零件的节点，且其名称前有"固定"字样，代表此零件位置是固定的，不能被移动并固定于用户插入装配体时放置的地方，如图 7-4 所示。

装配表达的是产品零部件之间的配合关系，必然存在参照与被参照的关系，插入的第一个零件固定后就相当于确定了一个装配基准框架，其他的零部件要装在这个框架上。

保存文件，即完成新建装配体文件。

2. 插入零部件

第一个零件插入装配体并完全固定后，需要插入其他所需零件进行装配体装配。SOLID-

WORKS 提供有多种零件插入方式（图 7-5、图 7-6）。除了新建装配体时插入外，还可以在文件探索器中插入、资源管理器中插入、直接拖动插入以及相同零部件的复制等。

图 7-3　装配体建模界面

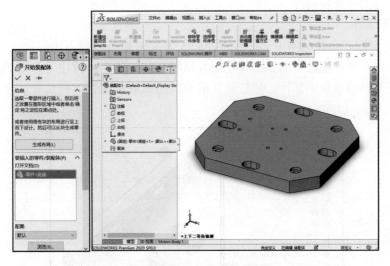

图 7-4　导入零件后的界面

1）直接拖动插入。当所需插入的零部件处于打开状态时，在装配体同时打开的情况下，可直接拖动零件到装配体环境中。

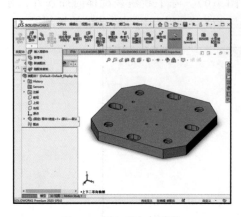

图 7-5 插入零部件菜单

图 7-6 插入支撑立柱

2）在文件探索器中插入。在任务窗格的【文件探索器】中，在文件夹中找到欲插入的零部件，拖动到装配环境中。

3）在资源管理器中插入。在 SOLIDWORKS 资源管理器中，找到所需装配零部件，拖动该零部件到装配体环境中。此种插入将显示预览，若零件是第一个零件，则默认是"固定"状态；否则默认为"浮动"状态。

4）相同零部件的复制。装配时需要多个相同零部件时，可通过复制来实现多个零部件。按住键盘的<Ctrl>键，同时鼠标左键拖动选中的需要复制的零部件进入装配环境即可。

5）标准件的插入。【智能扣件】的功能是使用 SOLIDWORKS Toolbox 标准件库将标准件添加到装配体中，智能扣件能自动识别孔、孔系列及阵列等特征。标准件的插入也可以直接调用第三方开发的标准件插件。

6）复制零部件。

① 零部件复制。在装配体中，很多零件和子装配体都会用到不止一次。要创建零部件的多个实例，用户可以把已有的零部件复制并粘贴到装配体中。按住【Ctrl】键，在设计树中选择要进行复制的对象零部件，然后将其拖动到图形显示区合适的位置，复制后如图 7-7 所示。

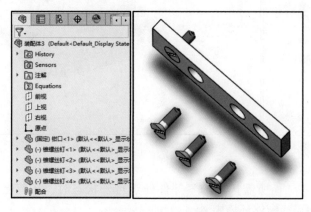

图 7-7 复制零部件

② 零部件阵列。在装配体中，很多零件和装配体之间有整排、整列或圆周方向的位置关系，在工具栏中单击线性零部件会有下拉菜单几种模式：线性零部件阵列、圆周零部件阵列、阵列驱动零部件阵列、草图驱动零部件阵列、曲线驱动零部件阵列、链零部件阵列、镜像零部件等，如图 7-8 所示。

图 7-8　线性零部件阵列菜单

线性阵列可以将对象零部件沿指定方向进行阵列复制。单击【线性零部件阵列】工具栏，选择线性零部件阵列，弹出线性阵列对话框，选择方向 1 确定阵列方向，输入方向 1 阵列间隔距离，再选择一条边作为方向 2，输入方向 2 阵列间隔距离，选择要阵列的零部件，单击【确认】按钮 ✔ 即可。图 7-9 所示为线性零部件阵列。

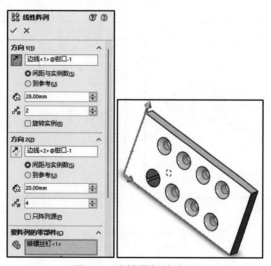

图 7-9　线性零部件阵列

如果距离不能确定，也可以绘制草图，利用由草图驱动的阵列命令同样可以实现。由草图驱动的锥螺丝钉阵列如图 7-10 所示。

③ 零部件镜像。装配体中，经常出现多个对象关于某一平面对称的情况，这时通常将原有部件进行镜像复制。单击【镜像零部件】工具栏，弹出镜像零部件对话框，选择前视基准面为镜像基准面，选择要镜像的零部件，锥螺丝钉的镜像如图 7-11a 所示。单击【确认】按钮 ✔ 即可。锥螺丝

视频 7-2

钉的镜像结果如图 7-11b 所示。

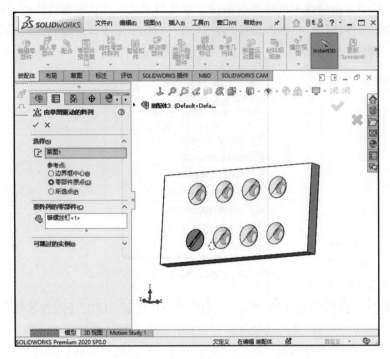

图 7-10 由草图驱动的阵列

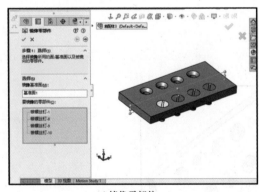

a) 镜像零部件

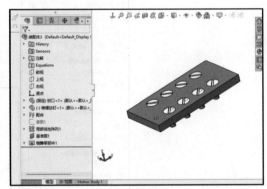

b) 镜像结果

图 7-11 零部件镜像

3. 移动零部件

在放置第二个零件时，可能与第一个组件重合，或者其方向和方位不便于进行装配放置，此时可使用鼠标【移动】或【旋转】命令，在装配体中移动和旋转所选择零部件，将零部件移动到一个更合适的位置上，以便于创建配合关系。

单击"装配体"工具栏中的【移动零部件】命令；或在菜单栏选择【工具】/【零部件】/【移动】命令，系统弹出【移动零部件】对话框，如图 7-12 所示。

移动下拉列表中提供了以下几种移动方式：

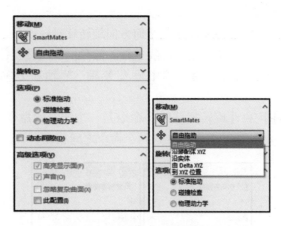

图 7-12　移动零部件对话框与类型

【自由拖动】选项：选中目标零件移动鼠标，零件将随鼠标移动。

【沿装配体 XYZ】选项：目标零件沿装配体的 X 轴、Y 轴或 Z 轴移动。

【沿实体】选项：目标零件沿所选中元素进行移动。

【由 Delta XYZ 到 XYZ 位置】选项：通过在对话框中输入 X 轴、Y 轴和 Z 轴的变化值来移动目标零件。

【标准拖动】单选项：系统默认选项，根据移动方式来移动目标零件。

【碰撞检查】单选项：系统将自动检查碰撞，目标零件将不会与其他零件发生碰撞。

【物理动力学】单选项：用鼠标拖动目标零件时，此零部件会向所接触零部件施加一个力。

4. 旋转零部件

单击【装配体】工具条中的【旋转零部件】命令；或选择【工具】/【零部件】/【旋转】命令，系统弹出【旋转零部件】对话框，如图 7-13 所示。

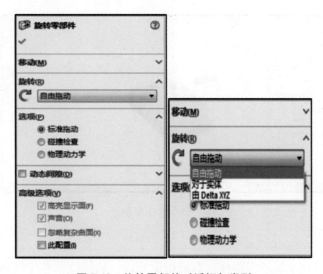

图 7-13　旋转零部件对话框与类型

旋转下拉列表中提供了以下 3 种移动方式：

【自由拖动】选项：选中目标零件并沿任何方向旋转移动。

【对于实体】选项：选择一条直线、边线或轴，然后围绕所选实体旋转目标零件。

【由 Delta XYZ】选项：通过在对话框中输入 X 轴、Y 轴和 Z 轴的变化值来移动目标零件。

提示：【移动零部件】和【旋转零部件】命令是一个统一的命令，通过 PropertyManager 中选择【旋转】或【移动】选项，可以在这两个命令之间相互切换，如图 7-14 所示。

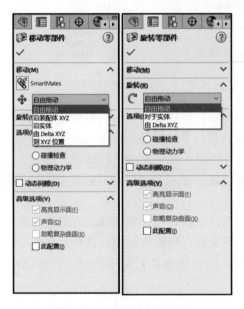

图 7-14　移动和旋转零部件

单击需要移动的零部件，将它拖动到要配合的恰当位置附近，如图 7-15 所示。

图 7-15　移动零部件

5. 三重轴移动和旋转零部件

使用三重轴来移动或旋转零部件：右键单击零件，从快捷菜单中选择【以三重轴移动】命令。三重轴包含了坐标轴、平面和圆环。使用三重轴可沿坐标轴/平面移动零件或通过圆环旋转零件。按箭头方向移动，左键拖动箭头可使零部件沿坐标轴移动。通过圆环转动，左键拖动圆环可使零部件随圆环转动，如图 7-16 所示。

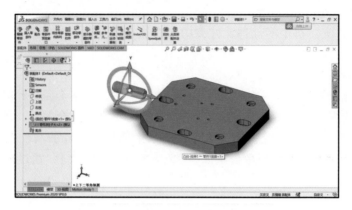

图 7-16　三重轴移动与旋转

二、装配体设计树

装配体设计树中包含有当前装配体的零部件及所有配合关系。系统默认按配合名称加序号的方式命名配合。

1. 零部件

插入装配体中的零部件使用顶层图标，如图 7-17 所示装配体中的底座，也可以插入到装配体中并由一个单独的图标来表示。展开零部件列表时，可以看到并访问单独的零部件和零部件的特征。

图 7-17　装配体中的零件

1）零部件状态。零部件在装配体中的状态可以是完全定义、过定义或欠定义。如果一个零件【过定义】或【欠定义】，其名称前会有一个包含于括号中的"+"号或"−"号。欠定义的零部件有一些自由度，完全定义的零部件没有自由度。【固定】状态（名称前面有一个"固定"符号）表明一个零部件固定于当前位置；而问号（？）表明这个零部件没有解，所给信息不能使零部件定位。

2）实例数。实例数是在当装配体内部含有某部件的多个实例时，用于区分不同的部件实例时所用的编号。

3）零部件文件夹。每个零部件文件夹中包括这个零部件的完整内容，包括所有特征、基准面和轴。

2. 配合文件夹

装配体中的配合关系被分成组放入名为配合文件夹中，由两个回形针图标表示。对有关联的配合关系创建配合文件夹，进行分类管理。选择有关联的配合关系，鼠标右键，菜单中选中【添加到新文件夹】，系统将所选的配合关系全部移至新建的文件夹中，重命名文件夹，结果如图 7-18 所示。也可以单击鼠标右键/【生成新文件夹】，通过拖动配合关系到该文件夹中。

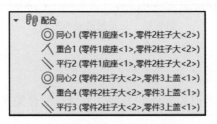

图 7-18　配合与配合组

三、常用的配合种类及操作

插入到装配体中的每个零部件在空间上都有 6 个自由度，即沿 X、Y、Z 轴的移动和沿这三个轴的旋转自由度，通过添加相应的约束可以限制零部件的自由度，使用【固定】和【插入配合】命令可以限制零件的自由度。

1. 常用的配合关系

SOLIDWORKS 提供了标准配合、高级配合和机械配合三大类配合方式来装配零部件。

（1）标准配合

【重合】用于使所选对象之间实现重合。

【平行】用于使所选对象之间实现平行。

【垂直】用于使所选对象之间实现 90°互相垂直定位。

【相切】用于使所选对象之间实现相切。

【同轴心】用于使所选对象之间实现同轴。

【锁定】用于使所选零件实现锁定，所选零件之间位置固定。

【距离】用于使所选对象之间实现距离定位。

【角度】用于使所选对象之间实现角度定位。

（2）高级配合

【对称】用于使两个所选对象实现在平面两侧对称。

【宽度】用于使零件居中，约束在两个平面中间的一个凸台中心面与另外一个零件的凹槽中心面重合，实现宽度配合。

【路径配合】用于使零件上的点约束到路径。

【线性配合】用于实现一个零部件相对于另一个零部件的平移之间建立几何关系。

【距离限制】用于实现零件之间的距离配合在设定范围内变化。

【角度限制】用于实现零件之间的角度配合在设定范围内变化。

（3）机械配合

【凸轮】用于实现凸轮与推杆之间的配合，且遵守凸轮与推杆的运动规律。

【铰链】用于将两个零部件之间的移动限制在一定的旋转自由度内。

【齿轮】用于齿轮之间的配合，实现齿轮之间的定比传动。

【齿条小齿轮】用于齿轮与齿条之间的配合，实现齿轮齿条之间的定比传动。

【螺旋】用于螺杆与螺母之间的配合，实现螺杆与螺母之间的定比传动，即当螺杆旋转一周时，螺母轴向移动一个螺距的距离。

【万向节】用于实现交错轴之间的传动，即一根轴可以驱动轴线在同一平面内且与之呈一定角度的另外一根轴。

2. 添加配合关系

单击【装配体】/【配合】，弹出图 7-19 所示【配合】属性管理器。

图 7-19　【配合】属性管理器

在【配合选择】栏中选择所需配合的实体，然后选择所需的配合关系，再单击【确认】按钮 ✅，完成配合关系的添加。若选择不适合的配合关系，会自动变为灰色不可选状态。

【移动部件】如果该零件被部分约束，则在被约束的自由度方向上是无法运动的。利用此功能，在装配中可以检查哪些零件是被完全约束的。单击【移动零件】下的小黑三角，可出现【旋转零件】按钮。

四、子装配体

当装配体零件较多时，为了避免所有零件装配在一个装配体内过于复杂，可以按照产品的层次结构使用子装配体来进行产品的装配。

单击【装配体】/【插入零部件】/【新装配体】系统将在当前节点下新增一个装配体，拖动所需零部件放入该装配体中，新装配体默认保存在当前装配体中，也可通过右键/【另存为】，将子装配体生成单独文件。

可以通过拖放把已有的装配体文件插入到当前装配体中。当一个装配体文件被加到一个已存在的装配体时，可以将它称为当前装配体的子装配体。子装配体的所有零部件都将加入到 FeatureManager 设计树中，此子装配体一定要通过它的一个零部件或参考基准面来与当前装配体进行配合。不管其中有多少个零部件，系统都把子装配体当作一个零部件来处理。

视频 7-3

任务实施

图 7-20 所示为打磨工位支撑机构，其装配体装配过程如下：

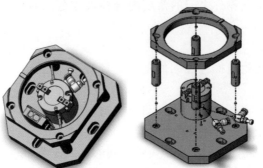

图 7-20　打磨工位支撑机构装配体

步骤 1　新建配置文件。新建 SOLIDWORKS 文件中选择【装配体】选项，单击【确定】按钮，进入装配环境，如图 7-21 所示。

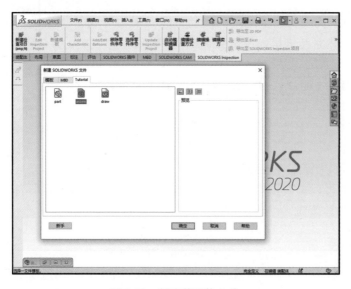

图 7-21　新建装配体文件

步骤 2　添加配置零件。

1)【插入零部件】进入装配环境后系统自动弹出【开始装配体】对话框，单击【浏览】，在【打开】对话框中选取子装配体一文件夹配置文件【底座 . sldprt】，单击【打开】按钮。

2) 单击【确定】按钮，将零件固定在原点位置，如图 7-22 所示。

步骤 3　添加图 7-23 所示零件【支撑立柱 . sldprt】。

1)【添加配置零件】选择控制面板【插入零部件】，单击【浏览】，在【打开】对话框中选取配置文件【支撑立柱 . sldprt】，单击【打开】按钮。

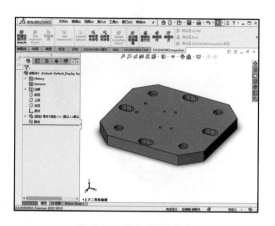
图 7-22　添加配置零件

图 7-23　添加支撑立柱

2）单击【确定】按钮，将零件放置在合适位置。

步骤 4　添加配合。

1）选择控制面板【配合】命令，弹出【配合】对话框。

2）添加【同轴心】配合。单击对话框中【同轴心】选项，选取如图 7-24 所示高亮面为同轴心面，单击【确定】按钮。

3）添加【重合】配合。单击对话框中【重合】选项，选取如图 7-24 所示高亮面为平行面，单击【确定】，完成如图 7-25 所示。

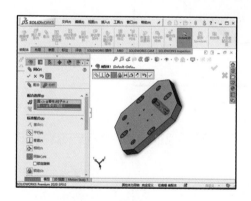
图 7-24　【同轴心】配合

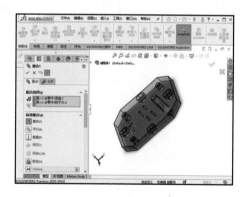
图 7-25　【重合】配合

4）添加【平行】配合。单击对话框中【平行】选项，选取如图 7-26 所示高亮面为平行面，单击【确定】按钮。

5）复制【支撑立柱】三个（按下 Ctrl+鼠标左键，拖动零件 2 即可复制）。重复步骤 1）~4），完成装配如图 7-27 所示。

步骤 5　添加图 7-28 所示零件【支撑定位盘 . sldprt】，添加配合。

1）【添加配置零件】选项控制面板【插入零部件】，单击【浏览】，在【打开】对话框中选取配置文件【支撑定位盘 . sldprt】，单击【打开】按钮。

2）选项控制面板【配合】命令，弹出【配合】对话框。

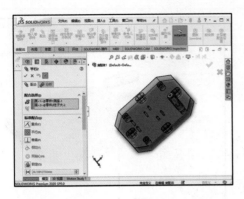

图 7-26 【平行】配合

图 7-27 完成结果

3）添加【同轴心】配合。单击对话框中【同轴心】选项，选取如图 7-28 所示高亮面为同轴心面，单击【确定】按钮。

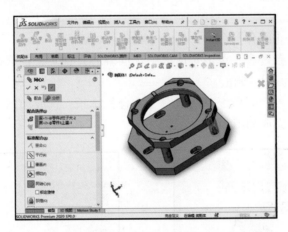

图 7-28 【同轴心】配合

4）添加【重合】配合。点击对话框中【重合】选项，选取如图 7-29 所示高亮面为重合面，单击【确定】按钮。

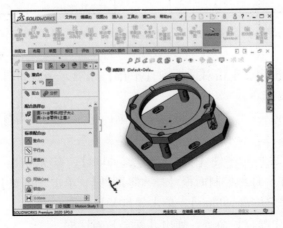

图 7-29 【重合】配合

5）添加【平行】配合。单击对话框中【平行】选项，选取如图 7-30 所示高亮面为平行面，单击【确定】按钮。

图 7-30　【平行】配合

步骤 6　添加图 7-31 所示零件【气缸 . sldprt】，添加配合。

1）隐藏支撑定位盘。选择支撑定位盘，单击工具栏中【隐藏/显示零部件】 以隐藏零部件。

2）【添加配置零件】选项控制面板【插入零部件】，单击【浏览】，在【打开】对话框中选取配置文件【气缸 . sldprt】，单击【打开】按钮。

3）选项控制面板【配合】命令，弹出【配合】对话框。

4）添加【同轴心】配合。单击对话框中【同轴心】选项，选取如图 7-31 所示高亮面为同轴心面，单击【确定】按钮。

图 7-31　【同轴心】配合

5）添加【重合】配合。单击对话框中【重合】选项，选取气缸底面与底座上表面为重合面，单击【确定】按钮，如图 7-32 所示。

步骤 7　添加图 7-33 所示零件【管接头 . sldprt】，添加配合

1）【添加配置零件】选项控制面板【插入零部件】，单击【浏览】，在【打开】对话框中选取配置文件【管接头 . sldprt】，单击【打开】按钮。

2）选项控制面板【配合】命令，弹出【配合】对话框。

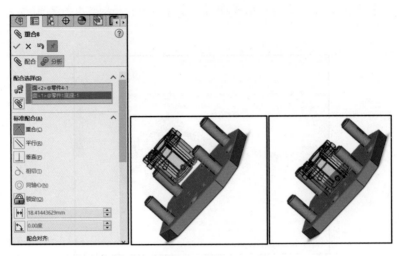

图 7-32 【重合】配合

3）添加【同轴心】配合。单击对话框中【同轴心】选项，选取如图 7-33 所示高亮面为同轴心面，单击【确定】按钮。

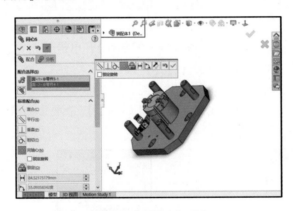

图 7-33 【同轴心】配合

4）添加【相切】配合。单击对话框中【相切】选项，选取如图 7-34 所示高亮面为相切面，单击【确定】按钮。

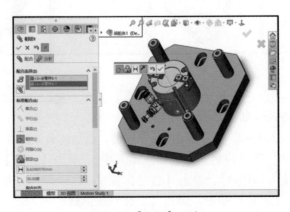

图 7-34 【相切】配合

5）添加【平行】配合。单击对话框中【平行】选项，选取如图 7-35 所示高亮面为平行面，单击【确定】按钮。

6）复制【管接头 . sldprt】（按下 Ctrl+鼠标左键，拖动零件 5 即可复制）。重复步骤 3)~5)，完成装配如图 7-36 所示。

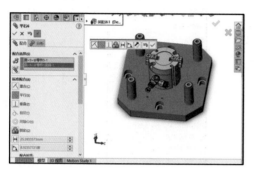

图 7-35　【平行】配合

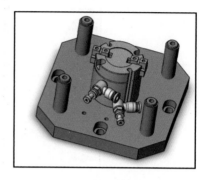

图 7-36　复制管接头配合结果

步骤 8　显示【支撑定位盘 . sldprt】。

特征树中选择零件 3，单击工具栏中【隐藏/显示零部件】 以显示零部件，显示结果如图 7-37 所示。

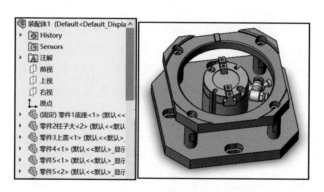

图 7-37　零部件的装配结果

补充知识点：

打开配合的 PropertyManager。在装配体工具栏中单击【配合】 ，打开配合的 Property-Manager，如图 7-38 所示。当 PropertyManager 处于打开状态时，用户不用按住 Ctrl 键就可以选择多个表面。

（1）配合选项　对所有配合关系而言，图 7-39 所示 5 个选项都是可用的。

添加到新文件夹——建立一个文件夹，用来包括【配合】工具处于激活状态时创建的所有配合关系。该文件夹存在于配合关系文件夹中，并且可重新命名。

显示弹出对话——用户可在配合弹出对话框的开和关状态之间进行转换。

显示预览——当配合所需的第二个对象被选择后，零件立即移动至新添加的配合所约束的位置，直到零件被完全定位，然后单击对话框的【确认】按钮 。

图 7-38　配合的 **PropertyManager**　　　　　图 7-39　配合选项

只用于定位——该选项只是用来定位几何体，而并不约束它，所以不会添加新的配合关系。

使第一个选择透明——当选择多个零件时，当一个零件被另一个零件遮挡，此选项将使第一个零件透明，更容易看清和选择第二个零件。

（2）配合弹出工具栏　【配合弹出】工具栏（见图 7-40），通过在屏幕上显示出可用的配合类型，使用户可以方便地选择配合关系。可用的配合类型随着选用不同的几何体而改变，并且出现在 PropertyManager 中的配合类型应保持一致。屏幕上的工具栏和 PropertyManager 对话框可同时使用，此处使用前者。所有的配合类型均列在前面的表格"配合类型和对齐方式"中。

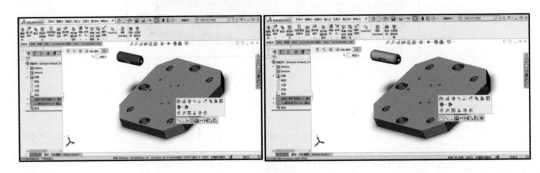

图 7-40　【配合弹出】工具栏

（3）查看列出的配合关系　配合关系（如同心和重合）在【配合】列表框中列出，如图 7-41 所示。当单击 PropertyManager 对话框中的【确认】按钮 ✔ 时，配合关系会被自动加入到配合文件夹中。

如果不想将它们加入到配合文件夹中，可将它们从【配合】的列表框中删除。

（4）查看约束状态　支撑立柱在 Property 设计树中显示为未完全约束，如图 7-42a 所示，该零件仍然可以围绕它的圆柱面轴旋转。通过拖拽支撑立柱，便可检验它的运动状态。

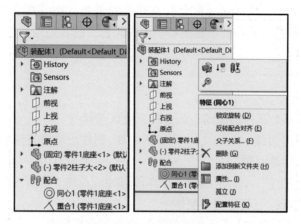

图 7-41　列出的配合关系

a) 约束状态

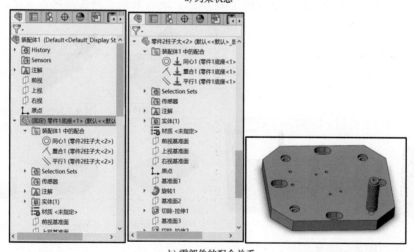

b) 零部件的配合关系

图 7-42　查看约束状态

（5）查看零部件配合关系　在 FeatureManager 设计树中，展开零件文件，在配合文件夹中添加了已配合的各个零部件，如图 7-42b 所示。该文件夹中包含了利用零部件的参考几何体创建的各种配合关系。该文件是【配合】文件夹的子集，而【配合】文件夹包含了已配合的所有配合关系。图标⊥表示处于接地路径中的配合，或者是保持零部件位置的配合。

任务训练

练习 7-1   选择题

1. 在装配体中对两个圆柱面做同心配合时，应该选择（　　　）。

A. 圆柱端面的圆形边线   B. 圆柱面或者是圆形边线

C. 通过圆柱中心的临时轴   D. 以上所有

2. 在装配时，通过（　　　）可以把多个零件同时插入到一个空的装配体文件中。

A. 把所有文件打开，一起拖到装配体中

B. 选择【插入】/【零部件】/【已有零部件】命令，选择所有

C. 直接在资源管理器中找到文件，全部选中后拖到装配体中

D. 新建一个文档导入

3. 装配文件的 FeatureManager 设计树与零件 FeatureManager 设计树相比，多了项目（　　　）。

A. 右视面和配合   B. 右视面   C. 配合

练习 7-2   判断题

1. 在装配设计中管理设计树内，能改变零部件的次序。（　　　）

2. 第一个放到装配体中的零件，默认为固定。（　　　）

3. 在一个装配体中，子装配体是否可以以不同的配置来显示该子装配体的不同实例。（　　　）

练习 7-3   根据装配体零件信息如图 7-43 所示，进行装配，并生成爆炸视图。

打磨单元子装配三

装配三零件1   装配三零件2   装配三零件3

装配三零件4   装配三零件5   装配三零件6

装配三零件7   装配三零件8   装配三零件9

图 7-43   装配体零件

任务 2　打磨工位轮毂夹紧机构子装配体装配

📘 学习目标

知识目标：掌握插入子装配体、装配体中零件操作、干涉检查、爆炸视图操作的方法和技巧。

技能目标：熟练使用插入子装配体、装配体中零件操作、干涉检查、爆炸视图方法进行装配。

素质目标：养成规范作图、科学操作的行为习惯，培养踏实肯干的务实精神。

📋 任务要求

在已完成的打磨工位支撑机构子装配体基础上，装配轮毂夹紧机构子装配体即实现轮毂打磨工位装配体的装配。轮毂夹紧机构是在打磨工位完成轮毂打磨工作的夹紧工作机构，图 7-44 所示为轮毂夹紧机构子装配体，装配体所需零件已经建模完成，根据轮毂夹紧机构要求完成子装配体装配。作为两个子装配体，在图 7-1 和图 7-44 的基础上，根据打磨工位完成装配。

图 7-44　打磨工位轮毂夹紧机构子装配体的组成

📝 任务分析

轮毂夹紧机构子装配体是由 5 个零件组成的，相同零件可通过复制、镜像或阵列完成。总装配过程是将 3 个子装配体进行装配。装配过程包括：装配体中零件操作（如零部件复制、阵列、镜像）；装配体检查；爆炸视图等。

一、智能配合

在零部件之间可以通过直接拖拉添加配合关系，这种方法称为【智能配合】。其方法是使用 Alt 键配合标准的 Windows 拖放技巧。

视频 7-4

与使用【配合】工具来设置配合的类型及其他属性一样，【智能配合】也使用相同的【配合弹出】工具栏。所有的配合都可用【智能配合】来创建。

不使用【配合弹出】对话框也可以创建多种配合关系，但要求使用 Tab 键来切换配合对齐方式。

二、替换零部件

若零件有了新的设计方案，以由图 7-45a 变更为图 7-45b 为例，由于该方案并没有最终需要试装后再进行研判。此时不能在原有零件上编辑修改，而需要新建或将原有零件复制一份副本再进行修改，修改完成后通过【替换零部件】来实现快速替换，而无须重新配合关系。

a)   b)

图 7-45 设计变更

在设计树上找到杆件"附件 2"，单击鼠标右键，如图 7-46a 所示，在快捷菜单中选择【替换零部件】，弹出图 7-46b 所示【替换】对话框，单击【浏览】，找到新方案的零件，单击【确认】按钮✔，出现【配合的实体】对话框，如图 7-46c 所示，系统会自动匹配相关的配合参考对象，这对于在原零部件复制副本的基础上编辑修改的新零部件尤其有效，单击【确认】按钮✔，完成替换，结果如图 7-46d 所示。

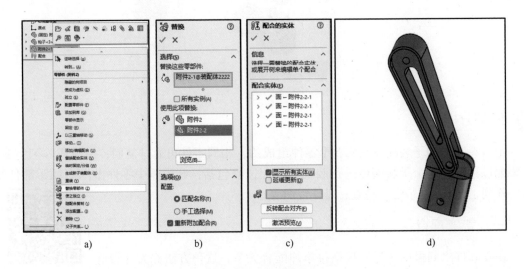

a)   b)   c)   d)

图 7-46 替换零部件

完成替换的零部件会取代原有零部件的配合关系，通过该方法可以有效减少二次配合时间，提高设计验证的效率。

三、打包

【打包】用于将装配体中所有相关文件收集到一个文件夹或 zip（压缩）文件中，尤其适合用于很多装配体文件中的零部件在不同文件夹中的情况。

提示：同样可以收集工程图和 Simulation 结果并创建副本文件。

打包操作方法：从下拉菜单中选择【文件】/【打包】。

四、爆炸视图

可以在 SOLIDWORKS 中通过自动爆炸或一个零部件一个零部件地爆炸来创建装配体的爆炸视图。装配体可在正常视图和爆炸视图之间进行切换。创建爆炸视图后可以对其进行编辑，还可以将其引入二维工程图，并可用激活状态的配置来保存爆炸视图。

1. 设置爆炸视图

在创建爆炸视图前，需要对其相关步骤进行设置以便于使用。恰当的做法是：创建配置保存爆炸视图，添加配合关系保持装配体在"起始位置"处。

创建装配体爆炸视图的操作步骤：

步骤 1　打开装配体。

步骤 2　添加新配置，切换到 ConfigurationManager，单击右键，从快捷菜单中选择【添加配置】，如图 7-47a 所示。

在配置名称输入框中输入"配置 1"并添加该配置，配置结果如图 7-47b 所示。新添加的配置处于激活状态。

补充：

（1）爆炸视图　通过【爆炸视图】可以沿着【移动操作杆】 🙏 的手柄或三维坐标轴移动一个或多个零部件。每一次的移动方向和距离都作为一个步骤来保存。

（2）操作方法

1）从下拉菜单中选择【插入】/【爆炸视图】。

2）在装配体工具栏中单击【爆炸视图】 🔳 。

步骤 3　设置爆炸视图，选择【插入】/【爆炸视图】，显示【爆炸视图】PropertyManager 对话框，如图 7-47c 所示。

➢ 【爆炸步骤】中列出了所建立的每一个爆炸步骤，允许独立地移动每个零部件。

➢ 【设定】列表框列出了要爆炸的零部件在当前爆炸步骤中的爆炸方向和爆炸距离。

➢ 【选项】列表框包括拖动后自动调整零部件间距和选择子装配体零件两个选项。

2. 爆炸单个零部件

可以沿一个方向或多个方向移动一个或多个零部件。一个或多个零部件在单方向的每一次移动都被认为是一步。

步骤 4　选择零部件，选取零部件锥螺丝钉。在该零件处显示一个移动操作杆，如图 7-48a 所示，按下 Alt 键并选中白点拖动到与被选中零件的基准轴对齐，如图 7-48b 所示。

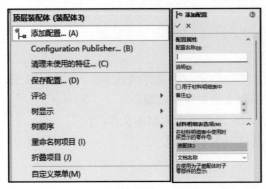

a) 添加配置

b) 配置结果

c) 插入爆炸视图

图 7-47　创建爆炸视图

步骤 5　拖动要爆炸的零部件，向上拖动绿色手柄，用标尺确定移动距离，使零部件脱离装配位置，如图 7-48c 所示。将特征爆炸步骤加入到对话框中，特征下面列出了爆炸零部件，如图 7-48d 所示。单击关闭该零件，完成这一爆炸步骤。

如果移动操作杆的轴没有指向所要求的方向，则可以移动它并将其调整到所要求的方向。拖动移动操作杆的原点，并把它放置在模型边、轴、模型面或平面上，以重新定位它，如图 7-48e 所示。

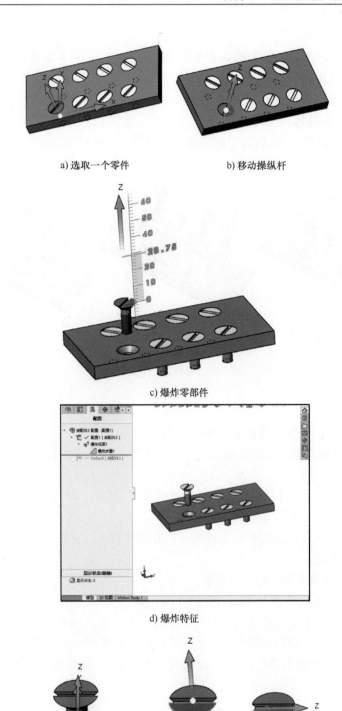

a) 选取一个零件　　　　　　b) 移动操纵杆

c) 爆炸零部件

d) 爆炸特征

e) 重新定位操作杆

图 7-48　爆炸单个零部件

3. 爆炸多个零部件

可以沿着单个路径或多个路径爆炸多个零部件。当选择了多个零部件后，最后被选择的零部件决定了移动操作杆的方向。

步骤 6 选取零部件，选取全部的锥螺丝钉。最后被选择的部件决定了移动操作杆的方向。可以通过单击每一个来选取多个零部件，也可以框选多个，如图 7-49a 所示。

步骤 7 移动多零部件，将所选择的零部件，沿着绿色手柄的指向向上移动，如图 7-49b 所示。

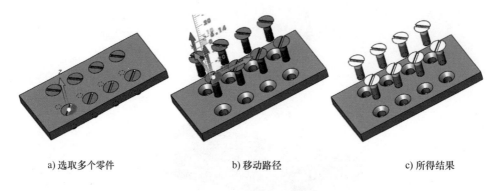

a) 选取多个零件　　　　　b) 移动路径　　　　　c) 所得结果

图 7-49　爆炸多个零部件

4. 爆炸直线草图

使用【爆炸直线】命令，创建爆炸视图的爆炸路径；利用一种叫作【爆炸直线草图】的 3D 草图来绘制和显示爆炸视图的爆炸线；使用【爆炸直线草图】和【转折线】工具创建和修改爆炸直线。

爆炸直线：【爆炸直线】可以添加到爆炸直线草图中，以表示装配体中零件的爆炸路径。

爆炸直线的选取：典型的选取元素有顶点、边线和表面，它们可用来创建爆炸直线。选取时需要注意以下几点：

- 选取用以定义爆炸直线的几何元素。
- 选取有适当起点、终点及中间过程的几何元素。

定点和边线适用来定义爆炸直线的始末位置。表面适合用来确定中间路径。

爆炸直线草图：【爆炸直线草图】命令，可以在爆炸视图中半自动地绘制爆炸线。用户可以通过选择装配体中的实体，如面、边线或顶点，系统将根据所选择的实体生成爆炸直线。

操作方法如下：

- 从下拉菜单中选择【插入】/【爆炸直线单图】。
- 在装配体工具栏中单击【爆炸直线草图】。

步骤 8 步路线。单击【爆炸直线草图】命令开始绘制 3D 草图。选择如图 7-50a 所示两个零件的圆，创建两者之间的路线。按次序选取锥螺丝钉的圆柱边线，作为开始直线，然后选取零件钳口圆柱孔的边线，作为通过位置。单击灰色箭头可以定义方向（向下），如图 7-50b 所示。单击【确认】按钮 ✔，结果如图 7-50c 所示。

a) 步路线属性栏

b) 选择边线及方向

c) 结果

图 7-50　爆炸直线草图

📐 **任务实施**

一、打磨工位轮毂夹紧机构子装配体装配

在夹紧连接块的基础上新建装配体，该装配体将用作子装配体。

以下是打磨工位轮毂夹紧机构子装配体装配过程基本步骤，装配体装配后如图 7-51 所示。

视频 7-5

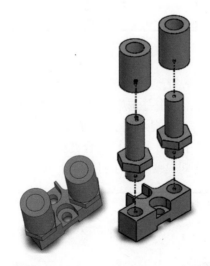

图 7-51　打磨工位轮毂夹紧机构子装配体

步骤 1　新建装配体。使用装配体模板创建新的装配体。在【插入零部件】的 Property-Manager 中，向装配体中添加夹紧连接块。将该零件放置在装配体的原点并设为【固定】状态，如图 7-52 所示。

步骤 2　添加零部件。使用同一个对话框，向装配体中添加夹紧手指和手指套，如图 7-53 所示。关闭对话框。

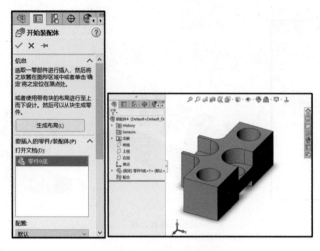

图 7-52　新建子装配体

图 7-53　添加零部件

步骤 3　使用智能配合添加平行配合关系。使用【智能配合】来添加【平行】配合关系：按住 Alt 键并拖动夹紧手指，单击并选中夹紧手指的棱柱侧表面，在夹紧连接块的圆柱孔面上下移动夹紧手指。当显示工具提示时，放置夹紧手指。该提示表明配合关系是【平行】，选中【配合弹出】工具栏中的【平行】配合类型。

在夹紧连接块和夹紧手指之间，便加入了【平行】配合关系，如图 7-54 所示。

图 7-54　使用智能配合添加【平行】配合关系

步骤 4 使用智能配合添加同轴心配合关系。按住 Alt 键并拖动夹紧手指，单击并选中夹紧手指的顶部圆柱表面，在夹紧连接块的圆柱孔面上移动夹紧手指，当显示工具提示时，放置夹紧手指，该提示表明配合关系是【同轴心】，选中【配合弹出】工具栏中的【同轴心】配合类型。

在夹紧连接块和夹紧手指之间，便加入了【同轴心】配合关系，如图 7-55 所示。

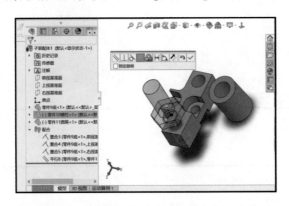

图 7-55 使用智能配合添加【同轴心】配合关系

步骤 5 使用智能配合添加重合配合关系。旋转零件，并使用拖曳的方法选择配合平面。选中配合平面，按下 Alt 键并拖动夹紧手指到夹紧连接块的平面上，当显示提示时，放置夹紧手指，该提示表明平面间的配合关系是【重合】关系。使用【配合弹出】工具栏，将配合关系切换为【重合】配合类型，如图 7-56 所示。

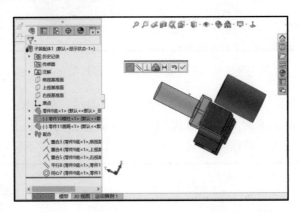

图 7-56 使用智能配合添加【重合】配合关系

步骤 6 使用智能配合添加同轴心和重合配合关系。将手指套与夹紧连接块进行配合。旋转零件，使用拖曳的方法选择配合平面。选中手指套圆柱孔面，按下 Alt 键并拖动手指套到夹紧连接块的圆柱外表面上，当显示提示时，放置手指套。使用【配合弹出】工具栏，将配合关系切换为【同轴心】配合类型，如图 7-57 所示。

旋转零件并移动手指套，选中手指套圆柱下表面，按下 Alt 键并拖动手指套到夹紧连接块的圆柱上表面处，当显示提示时，放置手指套。使用【配合弹出】工具栏，将配合关系切换为【重合】配合类型，如图 7-58 所示。

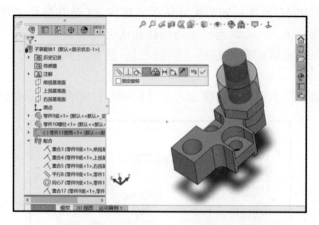

图 7-57　使用智能配合添加【同轴心】配合关系

图 7-58　使用智能配合添加【重合】配合关系

步骤 7　镜像零部件。单击【线性零部件阵列】工具栏，选择镜像零部件，弹出镜像零部件对话框，选择前视基准面为镜像基准面，选择要镜像的夹紧手指和手指套，镜像如图 7-59 所示。单击【确认】按钮 ✓ 即可。镜像零部件结果如图 7-60 所示。

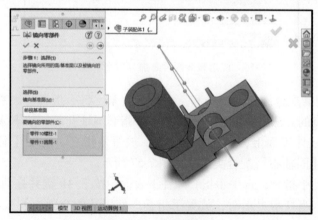

图 7-59　镜像零部件

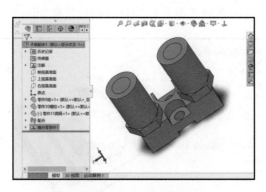

图 7-60　镜像零部件结果

步骤 8　保存。保存该装配体，并保持打开状态。

二、打磨单元总装

1. 插入子装配体

子装配体是将已有的一个装配体加入到处于激活状态的装配体中。所有的零部件和装配关系都被视为单个零件。

视频 7-6

步骤 1　选择子装配体。使用【插入零部件】命令来选择子装配体。

【插入零部件】对话框列出了【打开文件】列表框中所有打开的零件和装配体，子装配体 1 列在其中并被选中。

步骤 2　放置子装配体。放置子装配体，展开子装配体图标，显示其中所有的零部件和其自身的配合组，如图 7-61 所示。

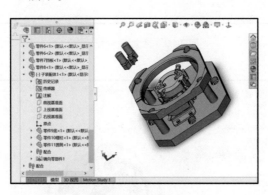

图 7-61　子装配体 1

步骤 3　添加宽度配合。从菜单中选择【插入】/【配合】，并选择【高级配合】选项。单击【宽度】配合，选择【宽度选择】和【薄片选择】。选择夹紧连接块凹槽的两个侧面作为【宽度选择】，选择气缸凸台的两个侧面作为【薄片选择】，结果显示夹紧连接块位于气缸正中间，如图 7-62 所示。

步骤 4　添加重合配合。从菜单中选择【插入】/【配合】，并选择【配合】选项。选择夹紧连接块凹槽上表面与气缸凸台上表面添加【重合】配合，配合过程如图 7-63 所示。选择夹紧连接块前面和气缸前面添加【重合】配合，配合过程如图 7-64 所示。

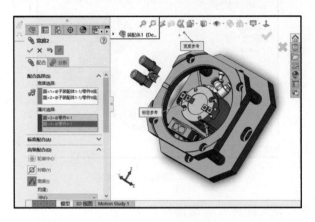

图 7-62　添加宽度配合

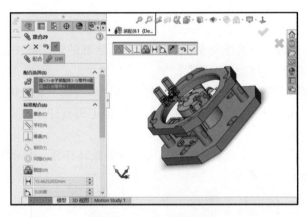

图 7-63　添加重合配合一

图 7-64　添加重合配合二

步骤 5　镜像子装配体。单击【线性零部件阵列】工具栏，选择镜像零部件，弹出镜像零部件对话框，选择前视基准面为镜像基准面，选择要镜像的子装配体 1，镜像如图 7-65 所示。单击【确认】按钮 ✔ 即可。镜像子装配体 1 结果如图 7-66 所示。

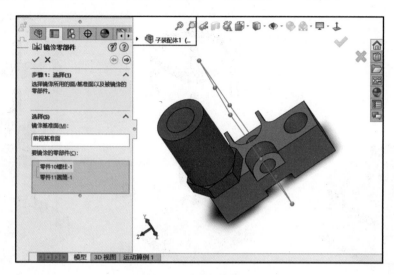

图 7-65　镜像子装配体 1

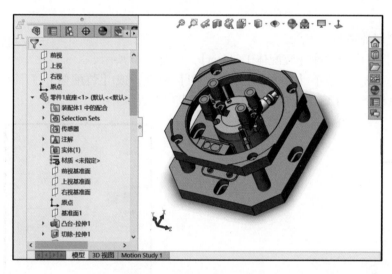

图 7-66　镜像子装配体 1 结果

步骤 6　保存。保存该装配体。

步骤 7　打包。单击【文件】/【打包】，使用默认的文件名称并选择【保存到 Zip 文件】及【平展到单一文件夹】选项，如图 7-67 所示。单击【保存】。

步骤 8　保存并关闭该零件，查看 Zip 文件。

2. 爆炸视图

为了在制造、销售和维修中直观地检查分析各个零部件之间的关系，装配体中的爆炸视图将装配体中各零部件按照配合条件来产生爆炸视图，使各个零部件从装配体中

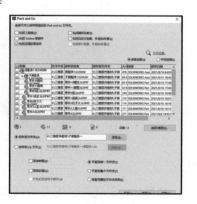

图 7-67　打包

分离出来，如图 7-68、图 7-69 所示。

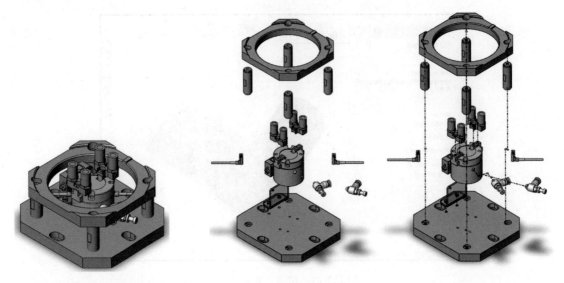

图 7-68　爆炸前　　　　　　　　　　　　图 7-69　爆炸后

（1）创建爆炸视图

步骤 1　打开配置文件【装配体 1. sldam】，如图 7-70 所示。

步骤 2　选择下拉菜单【插入】/【爆炸视图】命令，或【装配体】工具栏中【爆炸视图】按钮，系统弹出【爆炸】属性管理器，如图 7-71 所示。

图 7-70　配置文件【装配体 1. sldam】

图 7-71　【爆炸】属性管理器

步骤 3　定义需要爆炸的零部件。确定爆炸步骤类型。在【设定】选型组【爆炸步骤零部件】列表框中，单击需要爆炸的零部件，此时所选零部件高亮显示，并出现一个移动坐标，如图 7-72 所示。

　　步骤 4　确定爆炸方向。选择一个坐标轴确定爆炸方向，并且可以定义坐标轴的正反向。

　　步骤 5　定义爆炸距离。在【爆炸】/【设定】选项组中【爆炸距离】后的文本框输入需要定义的值，或拖动至合适区域，如图 7-73 所示。

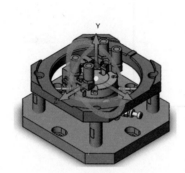

图 7-72　定义零部件

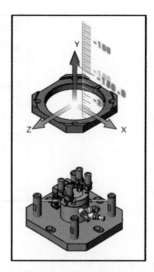

图 7-73　定义爆炸距离

　　步骤 6　储存爆炸步骤 1。在【设定】选项组中，单击【反向】按钮，调整爆炸视图，单击【应用】预览第一个爆炸视图，单击【完成】，第一个爆炸视图创建完成，并且【爆炸步骤】选项组中出现【爆炸步骤 1】或【链 1】，如图 7-74 定义零部件所示。

　　步骤 7　重复生成【爆炸视图 1】步骤，将其他所需零部件爆炸，最终完成爆炸视图。

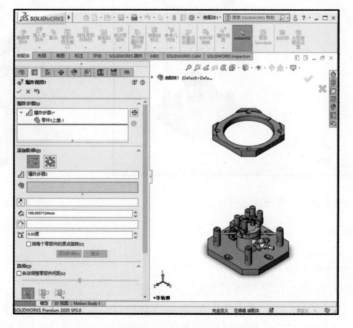

图 7-74　确定爆炸步骤

（2）创建步路线 为了更好地显示爆炸视图各部件之间的路径和配合关系，添加或编辑显示爆炸的零部件之间几何关系的3D草图。

步骤1 选择命令。选择下拉菜单【插入】/【爆炸直线草图】命令，或点击控制面板【装配体】/【爆炸直线草图】，系统弹出如图7-75所示【步路线】对话框。

图7-75 【步路线】对话框

步骤2 选取所需链接对象，如图7-76所示。

步骤3 根据配合关系将所有零部件添加步路线，如图7-77所示。

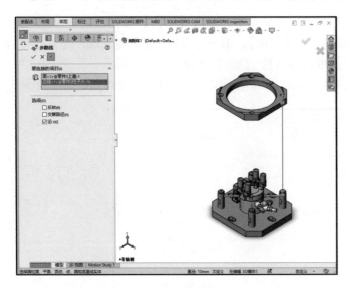

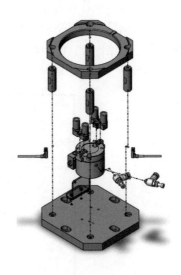

图7-76 选取所需链接对象　　　　图7-77 完成步路线

任务训练

根据所提供的零件信息，将其进行装配并进行爆炸。

练习7-4 如图7-78所示，根据装配体零件信息进行装配，并生成爆炸视图。

练习7-5 如图7-79所示，根据装配体零件信息进行装配，并生成爆炸视图。

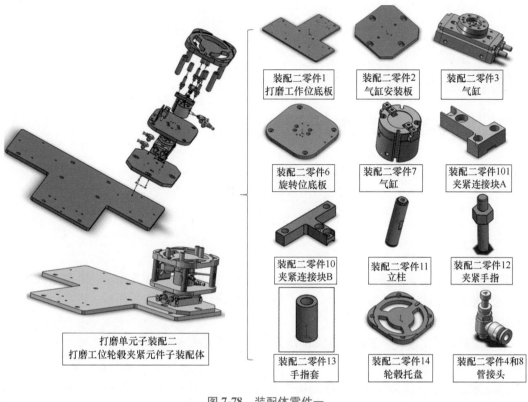

图 7-78　装配体零件一

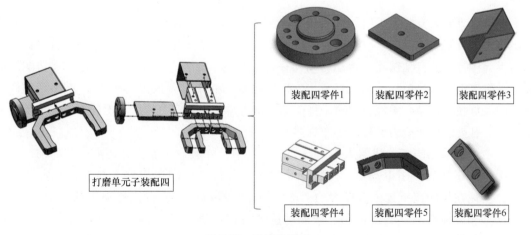

图 7-79　装配体零件二

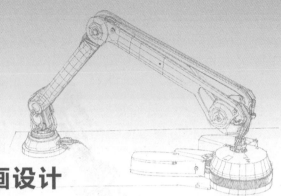

项目 8

工业机器人工作站动画设计

📠 **项目情境**

　　机器人被誉为"制造业皇冠顶端的明珠",其研发、制造、应用是衡量一个国家科技创新和高端制造业水平的重要标志。当前,机器人日益融入经济社会的方方面面,正极大地改变着人们的生产和生活方式。

　　随着信息化、工业化不断融合,以机器人科技为代表的智能产业蓬勃兴起,成为时代科技创新的一个重要标志。"十四五"时期,面对制造业、采矿业、建筑业、农业等行业发展,以及家庭服务、公共服务、医疗健康、养老助残、特殊环境作业等领域需求,工业机器人、服务机器人、特种机器人重点产品的创新及应用将被重点推进,推动产品高端化智能化发展。

　　在工业机器人方面,工信部等多部门联合印发的《"十四五"机器人产业发展规划》中提出将重点研制面向汽车、航空航天、轨道交通等领域的高精度、高可靠性的焊接机器人,面向半导体行业的自动搬运、智能移动与存储等真空(洁净)机器人,具备防爆功能的民爆物品生产机器人,AGV、无人叉车,分拣、包装等物流机器人,面向 3C、汽车零部件等领域的大负载、轻型、柔性、双臂、移动等协作机器人,可在工作区域内任意位置移动、姿态可达、有灵活操作能力的移动操作机器人。

　　本项目中采用的工业机器人搬运打磨工作站中,除搬运机器人,还配有外部轴,包括机械手臂外还配套使用电动机、丝杠、导轨等零部件,使搬运机器人能够在一定范围内运动,实现在长距离范围内对轮毂的上下料动作。本项目以机器人移动组件为学习任务,通过干涉和碰撞检查、放置键码、添加马达来模拟机器人托板的移动和机器人的运动过程,制作运动算例,输出动画视频。

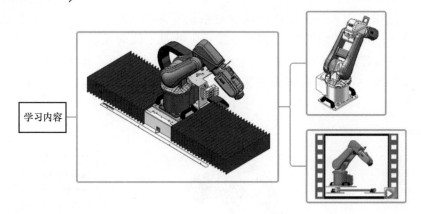

学习内容

知识目标: 掌握干涉和碰撞检查的方法,掌握运动算例的制作方法。

技能目标: 熟练使用相关命令进行干涉检查、碰撞检查和运动算例的制作。

素质目标: 传承和发扬严谨专注、精益求精的工匠精神。

📱 任务要求

通过对工业机器人移动组件进行干涉、碰撞检查,添加机械配合和高级配合,真实体现丝杠、丝母之间的相对运动;添加马达作为驱动,添加键码控制零部件的外观特性,并制作运动算例,输出能体现机器人托板的移动和机器人的运动过程的动画视频。

📋 任务分析

一、装配体干涉检查

SOLIDWORKS 中具有两种形式的干涉检查:静态干涉检查和动态干涉检查。可以对整个装配体或在装配体中选定的零部件之间进行静态的干涉检查,也可以在使用"移动零部件"或"旋转"零部件命令的过程中对装配体进行动态的干涉检查。

静态的干涉检查,通常用于在 SOLIDWORKS 装配体中,对于比较大的装配体结构,可以使用干涉检查来判断零件是否存在干涉。打开界面中"评估"工具条,选择【干涉检查】按钮,就可以对静态的装配体进行检查,如图 8-1 所示。

图 8-1 【干涉检查】按钮

在干涉检查时，可以默认选择整个装配体，也可以选择一部分零件，进行干涉检查计算，被选中的零部件在视图区中显蓝色。使用【排除的零部件】选项，可以缩小干涉检查范围，适用于在大的装配体中减少对系统资源的占用。单击【计算】按钮，系统将进行干涉检查，并在【结果】列表框中显示干涉量，同时系统在视图区中将产生干涉的零件进行透明设置，如图 8-2 所示。干涉检查的选项有多种，如"视重合为干涉""显示忽略的干涉"等，可根据实际需要进行勾选，方便筛查出不同类型的干涉，如图 8-3 所示。

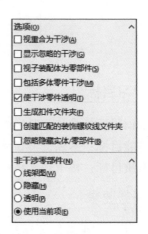

图 8-2　选择零部件进行干涉检查　　　　图 8-3　【干涉检查】属性对话框

动态的干涉检查，主要使用 SOLIDWORKS 的碰撞检查功能，可以在移动或旋转零部件时检查与其他零部件之间的冲突。软件可以检查与整个装配体或所选的零部件组之间的碰撞。可以发现对所选零部件的碰撞，或对所选零部件有配合关系而移动的所有零件的碰撞。

单击"装配体"工具条中的【移动零部件】或【旋转零部件】按钮，如图 8-4 所示。在属性对话框中勾选【碰撞检查】选项，检查范围选择"所有零部件之间"，高级选项中勾选"高亮显示面"和"声音"。在视图区中移动或旋转零部件，运动的零部件接触到装配体中任何其他的零部件，会检查出碰撞，当发现碰撞时零部件的面会被高亮显示，同时计算机会发出声音，如图 8-5 所示。若勾选"仅被拖动的零件"选项，则只检查与选择移动的零部件间的碰撞，若勾选了"碰撞时停止"选项，则零部件在运动中接触到任何其他实体时会阻止运动防止发生干涉，并高亮显示发生碰撞的面，如图 8-6 所示。

图 8-4　【移动零部件】按钮

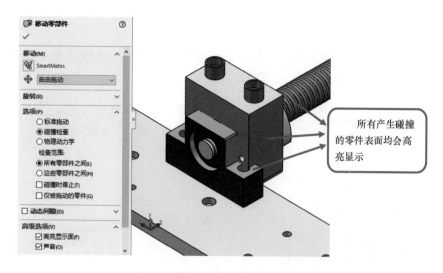

图 8-5   【移动零部件】属性对话框

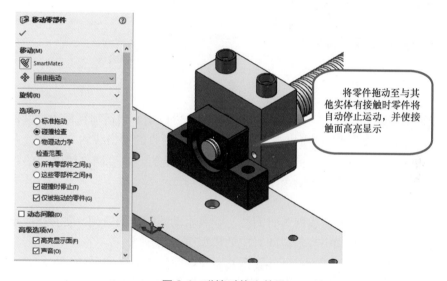

图 8-6   碰撞时停止效果

二、机构的运动模拟

在 SOLIDWORKS 中，通过运动算例功能可以快速、简洁地完成机构的仿真运动及动画设计。运动算例可以模拟图形的运动及装配体中部件的直观属性，它可以在不更改装配体模型或其属性的情况下，实现装配体的外观动态演示、变换视角、爆炸过程等，对装配体拆解及组装进行动态演示，为设计人员展示自己的作品提供了非常好的辅助，实现产品宣传的功能。也可以实现装配体的运动模拟、物理模拟以及 COSMOSMotion，在虚拟环境中对装配体进行运动分析，实现快速高效的优化设计。

可通过添加马达进行驱动来控制装配体的运动，或者决定装配体在不同时间的外观。通过设定键码点，可以确定装配体运动从一个位置跳到另一个位置所需的顺序，并可以生成基于 Windows 的 avi 或 mp4 等格式的视频文件。

1. 时间线

打开软件下部的【运动算例 1】标签，单击软件右下角处的【展开 MotionManager】按钮 ⌃，如图 8-7 所示，弹出运动算例编辑框，如图 8-8 所示。

图 8-7　运动算例标签

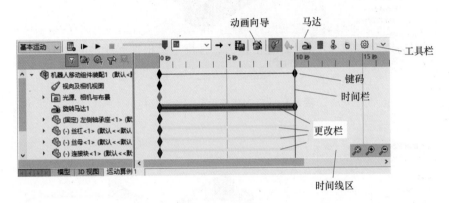

图 8-8　运动算例界面

时间线是用来设定和编辑动画时间的标准界面，可以显示出运动算例中动画的时间和类型，如图 8-8 所示。从图 8-8 中可以观察到时间线区被竖直的网格线均匀分开，并且竖直的网格线和时间标识相对应。时间标识是从 00∶00∶00 开始的，竖直网格线之间的距离可以通过单击运动算例界面右下角的 按钮进行控制。

2. 时间栏

时间线区域中的灰色竖直线即为时间栏，它表示动画的当前时间，如图 8-8 所示。通过定位时间栏，可以显示动画中当前时间对应的模型更改。

定位时间栏的方法：

1）单击时间线上对应的时间栏，模型会显示当前时间的更改。

2）拖动选中的时间栏到时间线上的任意位置。

3）选中一时间栏，按一次空格键，时间栏会沿时间线往后移动一个时间增量。

3. 关键点与键码点

时间线上的 ◆ 称为键码，键码所在的位置称为"键码点"，关键位置上的键码点称为"关键点"，如图 8-8 所示。在键码操作时需注意以下事项：

- 拖动装配体的键码（顶层）只更改运动算例的持续时间。
- 所有的关键点都可以复制、粘贴。
- 除了 0s 时间标记处的关键点外，其他都可以剪切和删除。
- 按住 Ctrl 键可以同时选中多个关键点。

4. 更改栏

在时间线上连接键码点之间的水平栏即为更改栏，它表示在键码点之间的一段时间内所发生的更改，如图 8-8 所示。更改内容包括动画时间长度、零部件运动、模拟单元属性更改、视图定向（如缩放、旋转）以及视图属性（如颜色外观或视图的显示状态）。

根据实体的不同，更改栏使用不同的颜色来区别零部件和类型的不同更改。系统默认的更改栏的颜色如下：

- 驱动运动：蓝色
- 从动运动：黄色
- 爆炸运动：橙色
- 外观：粉红色

5. 马达

通过给某零部件添加旋转马达或线性马达的驱动效果，使装配体中各零部件根据已设定的配合产生旋转或移动等运动效果，它不是力，强度不会根据零部件的大小或质量变化，如图 8-8 所示。

6. 动画向导

【动画向导】可以帮助用户通过设置时间长度和开始时间两个参数快速生成运动算例，通过动画向导可以生成的运动算例包括以下几项，如图 8-9 所示。

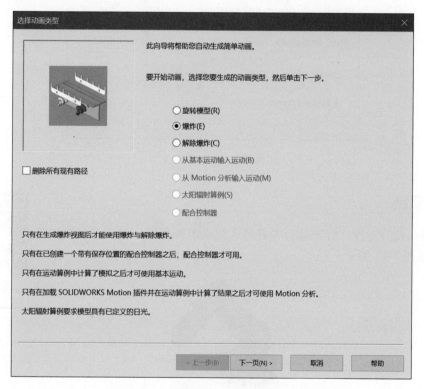

图 8-9 动画向导中的动画类型

- 旋转零件或装配体模型。
- 爆炸或解除爆炸（只有在生成爆炸视图后，才能使用）。
- 物理模拟（只有在运动算例中计算模拟之后才可以使用）。

- COSMOSMotion（只有安装了插件，并在运动算例中计算结果后才可以使用）。

7. 保存动画

当一个运动算例操作完成之后，需要将结果保存，运动算例中有单独的保存动画的功能，单击【保存动画】按钮，可以将 SOLIDWORKS 中的动画保存为 avi 或 mp4 等格式的视频文件，如图 8-10 所示。

图 8-10　保存动画到文件

任务实施

步骤 1　打开文件。打开名为"机器人移动组件装配 . sldasm"的装配体文件，如图 8-11 所示。

视频 8-1

图 8-11　机器人移动组件装配体

步骤 2　添加螺旋配合。实现拖动机器人托板沿丝杠平移至左侧轴承座以外。在"装配体"工具条中单击【配合】按钮,打开【机械配合】列表,选择"螺旋",参数形式选择"距离/圈数",输入螺距 5,分别选择丝杠的外圆柱面和丝母的内圆柱面,为丝杠和丝母添加螺旋配合,如图 8-12 所示,单击【确认】按钮 ✔ 退出。此时用鼠标平移丝母时可观察到丝杠在跟随其发生转动。

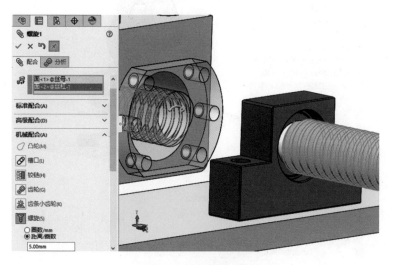

图 8-12　添加螺旋配合

步骤 3　添加距离配合。将机器人托板移动至两轴承座之间,单击【配合】按钮 🔗,分别选择左侧轴承座内表面和丝母底面,打开【高级配合】列表,单击限制距离按钮 ↔,分别输入最小距离和最大距离,如图 8-13 所示,限制托板在两侧轴承座之间运动。

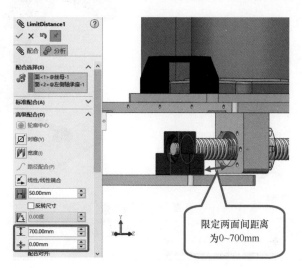

图 8-13　添加距离配合

步骤 4　制作运动算例。打开【运动算例 1】标签,调整装配体至合适视角,在【视向及相机视图】更改栏中的键码上单击鼠标右键,选择【替换键码】,如图 8-14 所示,记录装配体此时在视图区中的视角位置。使用快捷键【Ctrl+7】调整等轴测视角,在【视向及相机视图】更改栏中的2s位置处放置键码，记录新的视角位置，如图8-15所示。

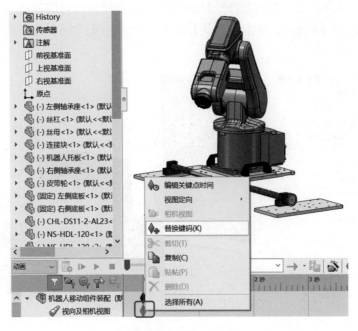

图 8-14　视角 1

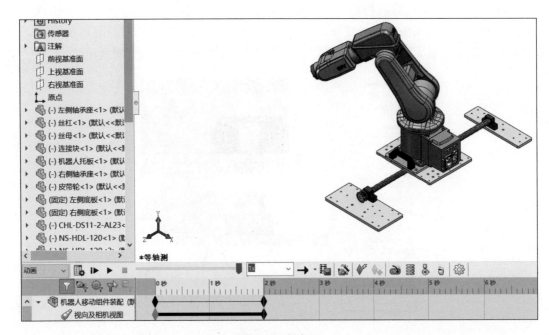

图 8-15　视角 2

　　单击【马达】按钮，选择带轮端面，在带轮处添加旋转马达，如图8-16所示，单击【确认】按钮✔退出设置。拖动【旋转马达1】更改栏上0s处的键码至2s处，并在4s处单击右键，选择【关闭】，如图8-17所示，控制托板在2~4s内随着丝杠转动而做平移运动。

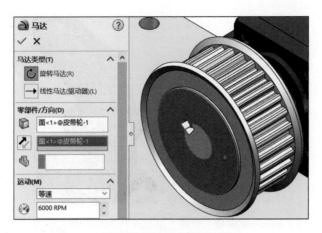

图 8-16　添加旋转马达

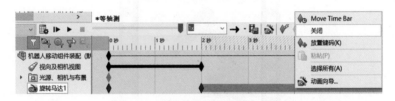

图 8-17　关闭马达

单击【马达】按钮，在机器人的第一关节处添加旋转马达，控制第一关节在 4.5~7s 内顺时针旋转 90°，如图 8-18 所示，单击【确认】按钮 ✔ 退出设置。用同样的方法为机器人的第二关节处添加旋转马达，控制第二关节在 7~9s 内顺时针旋转 30°，如图 8-19 所示，单击【确认】按钮 ✔ 退出设置。依次可以为其余关节添加马达，实现机器人的联动。

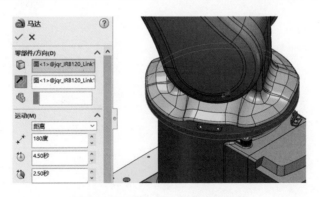

图 8-18　机器人第一关节添加马达

步骤 5　输出动画并关闭文件。单击【计算】按钮 🖩 计算运动算例，单击【从头播放】按钮 ▶ 可以观阅完整动画，单击【保存动画】按钮 🖫，可以将动画输出为视频文件，如图 8-20 所示。

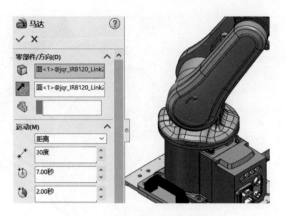

图 8-19　机器人第二关节添加马达

图 8-20　输出动画

参 考 文 献

［1］赵水，王海琴. 工业机器人应用系统三维建模 ［M］. 北京：高等教育出版社，2019.

［2］郜海超. 工业机器人应用系统三维建模 ［M］. 北京：化学工业出版社，2018.

［3］文清平，李勇兵. 工业机器人应用系统三维建模：SolidWorks ［M］. 2 版. 北京：高等教育出版社，2022.

［4］吴芬，张一心. 工业机器人三维建模：微课视频版 ［M］. 北京：机械工业出版社，2018.